高等职业教育铁道工程技术专业"十二五"规划教材

画法几何及土木工程制图

王小平　主　编

王　欣　副主编

程耀东　主　审

中国铁道出版社有限公司

2 0 2 2 年·北　京

内 容 简 介

本书为高等职业教育铁道工程技术专业"十二五"规划教材,教材采用项目任务式写作方式。全书总共分为七个项目,内容分别为:掌握制图基本知识、投影作图、体的投影、形体表达、标高投影、阅读与绘制桥涵工程图、阅读与绘制房屋施工图。

本书可作为高等职业学校土木工程类专业学生用书,也可作为成人教育及培训用书,或相关专业技术人员自学用书。

图书在版编目(CIP)数据

画法几何及土木工程制图/王小平主编.—北京:中国铁道出版社,2014.7(2022.8 重印)
高等职业教育铁道工程技术专业"十二五"规划教材
ISBN 978-7-113-17846-8

Ⅰ.①画… Ⅱ.①王… Ⅲ.①画法几何-高等职业教育-教材②土木工程-建筑制图-高等职业教育-教材
Ⅳ.①TU204

中国版本图书馆 CIP 数据核字(2013)第 302162 号

书　　名:**画法几何及土木工程制图**
作　　者:王小平

策　　划:阚济存
责任编辑:阚济存　　　　编辑部电话:(010)51873133　电子邮箱:td51873133@163.com
封面设计:崔丽芳
责任校对:王　杰
责任印制:高春晓

出版发行:中国铁道出版社有限公司(100054,北京市西城区右安门西街 8 号)
网　　址:http://www.tdpress.com
印　　刷:三河市兴博印务有限公司
版　　次:2014 年 7 月第 1 版　2022 年 8 月第 4 次印刷
开　　本:787 mm×1092 mm　1/16　印张:10.75　插页:2　字数:270 千
书　　号:ISBN 978-7-113-17846-8
定　　价:30.00 元

重 印 说 明

 《画法几何及土木工程制图》于 2014 年 7 月在我社出版,得到了用书院校的支持和厚爱。本次重印作者在第 3 次印刷的基础上结合 2017 年颁布的《房屋建筑制图统一标准》(GB/T 50001—2017)等再次对书中相关内容进行了检查修订,以确保教材内容的时效性。书中未涉及新的规范标准的插图、表格所采用的数据等内容依然沿用出版时的规范标准和统计结果,重印时未做修改。

中国铁道出版社有限公司
2022 年 8 月

前　言

随着社会对技能人才的不断要求和我国高等职业教育的迅猛发展,对一线技能型人才的能力与素质提出了更高的要求。在这样一个大环境下,高等职业教育课程改革势在必行。为此们我们编写了《画法几何及土木工程制图》教材及配套习题集。

本教材遵循"培养适应生产、建设、管理、服务第一线需要,德、智、体全面发展,具有良好职业道德和工程素养的高等技术应用型人才"的高职培养目标。画法几何理论以"必须、够用"为原则,以素质与能力的提高为本位,重点培养学生阅读和绘制工程图样的能力。全教材始终贯彻"项目导向、任务驱动"的教学思想,通过对工程图样的阅读与绘制,培养学生严肃认真、一丝不苟的敬业精神和工程素质。该教材可供同类高等职业、中等职业院校相关专业和成人继续教育相关专业选用。

本教材采用最新颁布的国家标准和相关行业标准,对标准不完全统一或尚无完整标准的个别专业图则采用通用的习惯画法。

本教材所选用图例大部分来源于生产一线,内容由浅入深、图文并茂,文字叙述力求通顺易懂、简练严谨,力争做到充分体现高职教育特点。

本教材由兰州交通大学王小平主编,王欣副主编,程耀东教授主审。参加编写的人员有王小平(项目一、项目七)、王欣(项目二、项目三、项目四)、潘训家(项目五、项目六),另外李德福、李得洋、王朝琴、雷霓等参与了本书部分绘图工作,在此一并表示感谢。

由于时间仓促,编者水平有限,缺点和错误在所难免,恳请广大读者谅解并指正。

编者
2014 年 7 月

目　　录

项目一 掌握制图基本知识

任务一 认识国家标准

1.1 我国标准的分类

《中华人民共和国标准化法》将我国标准分为国家标准（简称国标GB）、行业标准、地方标准（DB＋＊）、企业标准（Q＋＊）四级。1998年，在四级标准之外又增加了一种国家标准化指导性技术文件，通常也称指导性国家标准（GB/Z），是对国家标准的一种补充，仅供使用者参考执行。另外，各级标准又可分为强制性和推荐性两个级别。

国家标准是指由国家标准化主管机构批准发布，对全国经济、技术发展有重大意义，且在全国范围内统一的标准。强制性国标是保障人体健康、人身、财产安全的标准和法律及行政法规规定强制执行的国家标准；推荐性国标是指生产、交换、使用等方面，通过经济手段或市场调节而自愿采用的国家标准。但推荐性国标一经接受并采用，或各方商定同意纳入经济合同中，就成为各方必须共同遵守的技术依据，具有法律上的约束性。

各级标准都具有一定的时效性，随着经济社会的发展，一定年限后就需要制定新的标准来满足人们生产、生活的需要。同时，要不断运用、消化国际标准，使我国技术领先的某一领域、行业标准逐步被国际社会所认同，从而实现从"国际标准本地化"到"国家标准国际化"的转变，全面提升我国的综合竞争力。

1.2 标准的编号原则

各类标准编号由标准代号、标准顺序号、标准发布年号三部分组成，如图1.1所示。

表1.1列举了我国国家标准、地方标准和部分行业标准的代号、含义及管理部门。

图1.1 标准编号含义

表1.1 部分标准代号、含义及其管理部门

序 号	代 号	含 义	管 理 部 门
1	GB	强制性国家标准	国家标准化管理委员会
2	GB/T	推荐性国家标准	国家标准化管理委员会
3	GB/Z	国家标准化指导性技术文件	国家标准化管理委员会
4	DB＋＊	强制性地方标准	省级质量技术监督局
5	DB＋＊/T	推荐性地方标准	省级质量技术监督局
6	JG	强制性建筑工业行业标准	建设部
7	JT	强制性交通行业标准	交通部科教司
8	TB	强制性铁道运输行业标准	铁道部科教司
9	TB/T	推荐性铁道运输行业标准	铁道部科教司

注：＊表示省级行政区划代码前两位。如甘肃省为620000，则DB＋62/T表示中华人民共和国推荐性甘肃省地方标准，管理部门为甘肃省质量技术监督局。

任务二　掌握制图标准

在现代化的工业生产中,图样是技术界表达设计思想、指导生产和交流技术经验的重要手段。各种建筑物、机器、仪表的施工和制造,都是以图样为主要依据的。因此,图样被称为工程技术界的"语言"。

为了适应现代化生产的需要和便于技术经验的交流,国家对图样的格式、内容、画法和尺寸注法等,均作了统一的规定。这些规定称为制图标准。本任务主要介绍国家标准《技术制图》和《房屋建筑制图统一标准》中关于图纸幅面和格式、比例、字体、图线、尺寸注法中的基本规定。

2.1　图纸幅面、标题栏和会签栏

2.1.1　图纸幅面和格式(《房屋建筑制图统一标准》GB/T 50001—2017—3.3.1)

表 1.2 列出了国标所规定的图纸基本幅面和格式。幅面代号中 A0 通常也称 0 号图幅(或图纸),A1 通常也称 1 号图幅(或图纸),以此类推。可以看出长边是短边的 $\sqrt{2}$ 倍,且 1 号图幅是 0 号图幅的对裁,2 号图幅是 1 号图幅的对裁,以此类推,如图 1.2 所示。

表 1.2　图纸幅面　　　　　　　　(单位:mm)

幅面代号	A0	A1	A2	A3	A4
$B \times L$	841×1189	594×841	420×594	297×420	210×297
e	20			10	
c	10			5	
a	25				

图幅格式分为留有装订边和不留装订边两种,可以是立式布置(短边在水平方向),也可以横式布置(短边在竖直方向),A4 幅面常采用立式布置,如图 1.3 所示。

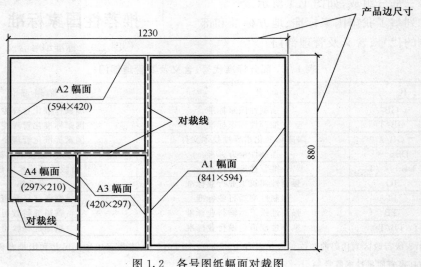

图 1.2　各号图纸幅面对裁图

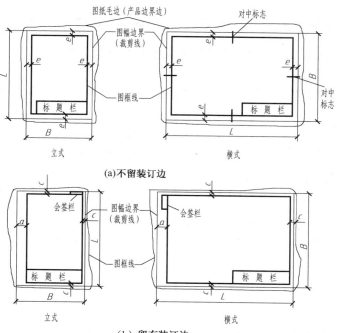

图 1.3　图纸幅面和图框格式

原则上,同一套图纸不宜采用过多的图纸幅面,且应采用同一种格式。

需要微缩复制的图纸,在四个边上应附有对中标志。

绘制图样时,应优先采用规定的基本幅面尺寸。必要时可按规定加长成为加长幅面,除A0 图幅外,图纸幅面只允许单面加长,在此不一一列举。

2.1.2　标题栏(《房屋建筑制图统一标准》GB/T 50001—2017—3.2.1)

在每张图框线的右下角,应有标题栏,国家标准未对此项做出详细规定。标题栏中的文字方向为看图方向,外边框用粗实线绘制,其它线用细实线绘制。在校学习期间的制图作业建议采用图 1.4 所示的格式和尺寸。

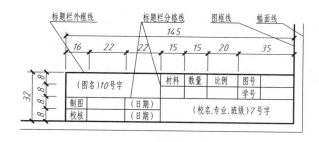

图 1.4　学校用标题栏

2.1.3　会　签　栏

设计图样如若需要相关部门和人员会签,则可设会签栏,会签栏一般放在图框线外,装订边上侧或右侧,如图 1.3(b)所示。

2.2　比例(《房屋建筑制图统一标准》GB/T 50001—2017—6)

比例是指图中图形与其实物相应要素的线性尺寸之比。如 1∶100 表示图纸上一个单位代表实际的 100 个单位。

绘制图样时应根据其大小、复杂程度和用途选用适当的比例。表 1.3 是"国标"规定绘图所用的比例。

表 1.3　绘图采用的比例

种　类	优先采用的比例	允许选用的比例
原值比例	1∶1	
放大比例	5∶1　2∶1 5×10^n∶1　2×10^n∶1　1×10^n∶1	4∶1　2.5∶1 4×10^n∶1　2.5×10^n∶1
缩小比例	1∶2　1∶5　1∶10^n 1∶2×10^n　1∶5×10^n　1∶1×10^n	1∶1.5　1∶2.5　1∶3　1∶4　1∶6　1∶1.5×10^n 1∶2.5×10^n　1∶3×10^n　1∶4×10^n　1∶6×10^n

当整张图纸只有一种比例时,一般应注写在标题栏中。否则可注写在图名右侧。此时,比例的字号应比图名名称的字号小一号,且与图名基准线取平,如图 1.5 所示。

平面图 1∶100

图 1.5　比例的注写

一个图样宜选用一种比例。但在铁路、道路、土方的纵断面图和结构图中,可在水平方向和垂直方向选用不同的比例。例如在构件中,为了清楚地表示预制钢筋混凝土梁的钢筋布置情况,在长度方向上和高度方向上可以用两种比例尺,施工时以所注尺寸为准。如图 1.6 长度比例尺采用 1∶100,高度比例尺采用 1∶50。

图纸上标注的数字均为实物的实际大小,与比例无关。

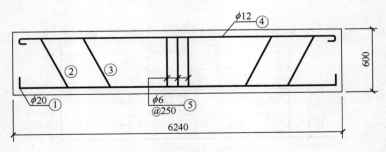

图 1.6　现浇梁钢筋布置图

2.3　字体(《房屋建筑制图统一标准》GB/T 50001—2017—5)

图样中除了用图形来表达物体的形状外,还要用文字来表达它的大小、技术要求等,这些字体统称为工程字体。

在图样的各种字体(汉字、数字、字母和罗马数字),书写时必须做到:字体工整、笔画清楚、间隔均匀、排列整齐。

字体的高度(用 h 表示)称为字体的字号,图样中的字号分为 1.8、2.5、3.5、5、7、10、14、20 等几种。如需书写更大的字,其字体高度应按 $\sqrt{2}$ 的比率递增。字宽一般为 $h/\sqrt{2}$,即下一号字的高度,如表 1.4 所示。

表 1.4　仿宋字的基本笔画

笔划	横	竖	撇	捺	点	挑	钩	折
形状 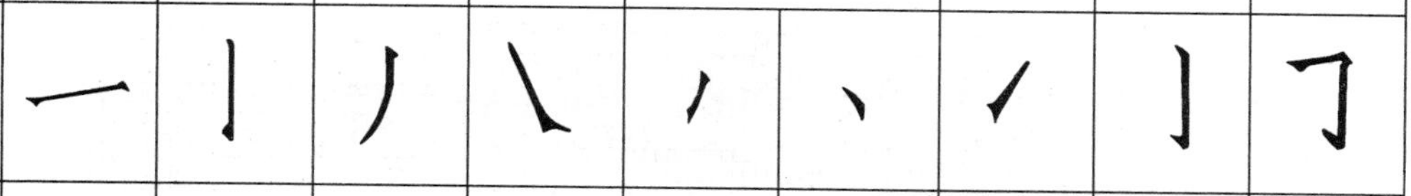	一	丨	丿	乀	丶	丶	亅	乛
笔序 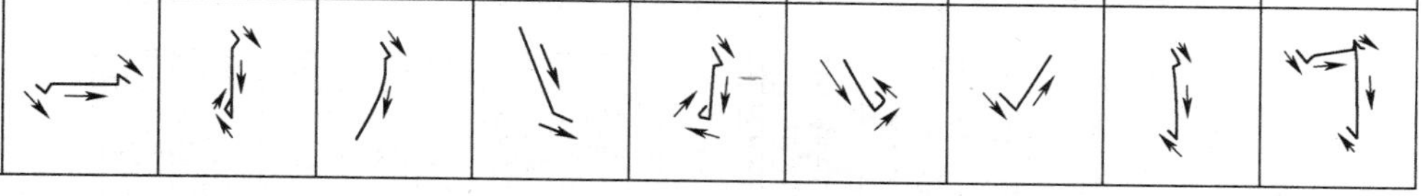								

2.3.1　汉字

汉字应采用长仿宋体,并采用国家正式公布的简化字。汉字的高度 h 不应小于 3.5 mm。

长仿宋体的书写要领是:横平竖直、注意起落、结构均匀、填满方格。图 1.7 是用长仿宋体书写的汉字示例。

2.3.2　拉丁字母、阿拉伯数字和罗马数字

拉丁字母、阿拉伯数字和罗马数字分斜体和直体两种。斜体字头向右倾斜,与水平基准线成 75°。在同一图样上字型、字体应统一。图 1.8 为拉丁字母、阿拉伯数字和罗马数字的书写示例。

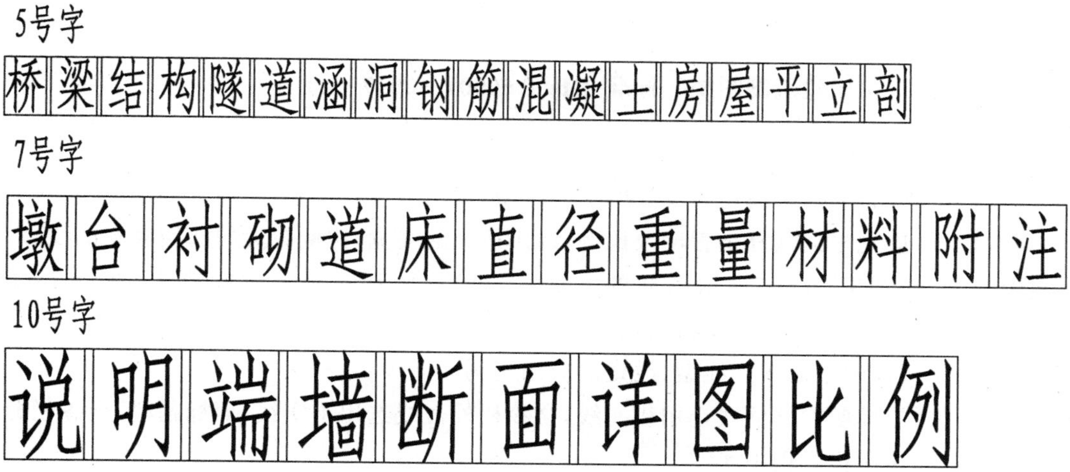

5号字

桥 梁 结 构 隧 道 涵 洞 钢 筋 混 凝 土 房 屋 平 立 剖

7号字

墩 台 衬 砌 道 床 直 径 重 量 材 料 附 注

10号字

说 明 端 墙 断 面 详 图 比 例

图 1.7　汉字的书写示例

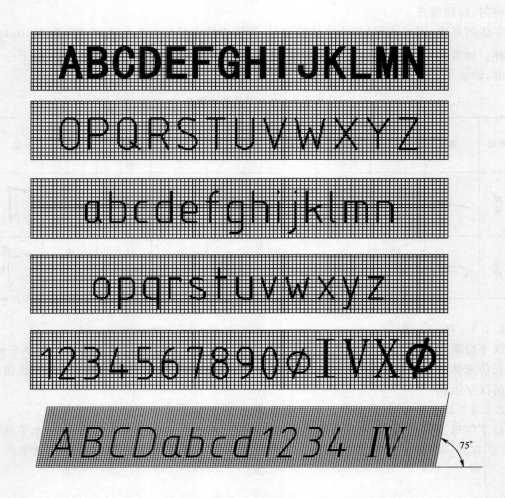

图 1.8　拉丁字母、阿拉伯数字及罗马数字示例

2.4　图线(《房屋建筑制图统一标准》GB/T 50001—2017—4)

2.4.1　图线的型式及用途

在绘制工程图样时,应选用表 1.5 所示的线型与线宽。

每个图样,应先根据其复杂程度及比例,选用适当的线宽,比例较大的选用较宽的线。

图中的粗线宽度(b)应根据图样的类型、大小、比例和缩微复制的要求,在 0.25mm、0.35mm、0.5mm、0.7mm、1mm 和 1.4mm 中选用。

图 1.9 是楼梯间平面图中线型、线宽的应用实例。

对于图框线、标题栏外框线选用粗实线,会签栏外框线选用中实线,而标题栏、会签栏分格线选用细实线,对中标志用中实线。

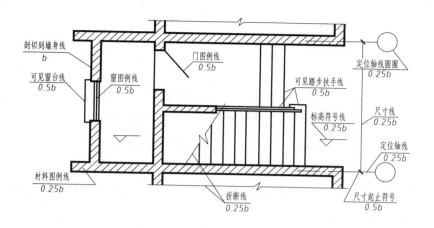

图 1.9　图线及其应用

表 1.5　图线

名　　称		线　　型	线宽	用　　途
实线	粗	———————	b	主要可见轮廓线
	中粗	———————	$0.7b$	可见轮廓线、变更云线
	中	———————	$0.5b$	可见轮廓线、尺寸线
	细	———————	$0.25b$	图例填充线、家具线
虚线	粗	— — — — —	b	见各有关专业制图标准
	中粗	— — — — —	$0.7b$	不可见轮廓线
	中	— — — — —	$0.5b$	不可见轮廓线、图例线
	细	— — — — —	$0.25b$	图例填充线、家具线
单点长画线	粗	—·—·—·—	b	见各有关专业制图标准
	中	—·—·—·—	$0.5b$	见各有关专业制图标准
	细	—·—·—·—	$0.25b$	中心线、对称线、轴线等
双点长画线	粗	—··—··—	b	见各有关专业制图标准
	中	—··—··—	$0.5b$	见各有关专业制图标准
	细	—··—··—	$0.25b$	假想轮廓线、成型前原始轮廓线
折断线	细	——〜——	$0.25b$	断开界线
波浪线	细	〜〜〜〜	$0.25b$	断开界线

2.4.2　图线画法

（1）在同一张图纸中,应选用相同的线宽组。

（2）点画线、双点画线、虚线的线段长度和间隔应各自大致相等,长度可按图 1.10（a）推荐的长度绘制。

（3）点画线和双点画线的首末两端应是线段。

（4）虚线、点画线等自身相交或与其他图线相交时,均应交于线段处。当虚线是实线的延长线时,在连接处应留出空隙,不得与实线相接,如图 1.10（b）。

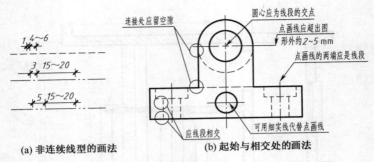

(a) 非连续线型的画法   (b) 起始与相交处的画法

图 1.10   图线画法

（5）绘制圆的中心线或图形的对称线时,细点划线首末两端应超出圆或图形外约 2～5 mm,如图 1.10(b)。

（6）如图形较小,画点画线或双点画线有困难时,可用细实线代替。

2.5   尺寸注法（《房屋建筑制图统一标准》GB/T 50001—2017—11）

图样只能表示物体的形状,物体各部分的大小及相互位置,需要通过尺寸才能确定,因此尺寸是图样的主要组成部分。

标注尺寸力求做到正确、完整、清晰、合理。

正确——尺寸标注要符合"国标"的规定。

完整——尺寸标注必须齐全,不能遗漏,必要时允许重复。

清晰——尺寸要标注在图形最明显处,且布局要整齐,便于看图。

合理——所注尺寸既要保证设计要求,又要适合施工、维修等生产要求。

国标规定了尺寸标注的基本规则和方法,绘图和读图时必须遵守。

2.5.1   尺寸要素

完整的尺寸由尺寸线、尺寸界线、尺寸数字、尺寸起止符四部分组成。

（1）尺寸线（细实线）:尺寸线应与被注线段平行。轮廓线、轴线或中心线等其他图线及其延长线均不能作为尺寸线。

（2）尺寸界线（细实线）:尺寸界线用来表示尺寸的范围,一般应与尺寸线垂直。一般自图形的轮廓线、轴线或中心线处引出,尺寸界线起点处距轮廓线留大于 2 mm 的空,如图 1.12 所示。也可利用轮廓线、轴线或中心线作为尺寸界线。

（3）尺寸起止符号（中粗线）:用以表示尺寸的起止点。在土木工程制图中,线性尺寸的起止符号采用 45°短斜线,方向为尺寸界线顺时针旋转 45°,长度为 2～3 mm;半径、直径、角度及弧长的起止符号采用箭头,画法如图 1.11 所示（图中 b 为粗实线宽度）。

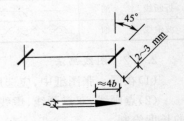

（4）尺寸数字:用以表示尺寸的真实大小,与绘图所采用比例无关。尺寸数字一般注在尺寸线上方中部。尺寸数字不可被任何图线或符号通过,当无法避免时,应将图线断开,如图 1.12。尺寸数字顺尺寸线注写,当尺寸线为水平或倾斜方向时,字头向上;当尺寸线为垂直

图 1.11   尺寸起止符号的画法

方向时,字头向左,如图 1.12。应尽量避免在图 1.13(a)所示的 30°范围内标注尺寸,当无法避免时,可按图 1.13(b)的形式标注。

2.5.2 线性尺寸的注法

(1)标注相互平行的尺寸时,应把小尺寸标在里边,大尺寸注在外边,如图 1.12 所示。

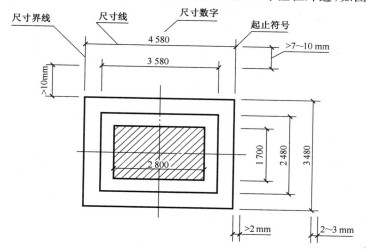

图 1.12 矩形桥墩基顶剖面图

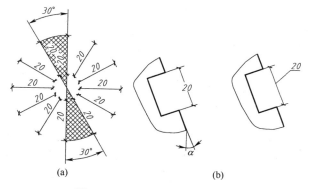

图 1.13 $\alpha < 30°$ 时尺寸的注法

(2)第一道尺寸线与图形最外轮廓线之间的距离一般不小于 10mm,相互平行的尺寸线间距一般不小于 7mm。

(3)当尺寸排列密集没有足够的位置书写尺寸数字时,可将尺寸数字注写在尺寸界线外侧,中间相邻的尺寸数字也可错开注写或引出注写,如图 1.14 所示。

图 1.14 排列密集的线性尺寸注法

2.5.3 圆及圆弧尺寸的注法

(1)大于半圆的圆弧和整圆应标注直径,在尺寸数字前加注"ϕ"。小于半圆的圆弧和半圆应标注半径,在尺寸数字前加注"R",如图 1.15 所示。

（2）在圆上标注尺寸时，尺寸线或其延长线应通过圆心。当圆弧的半径过大或在图纸范围内无法标注其圆心位置时，可采用折线形式标注，若圆心位置不需注明，则应使尺寸线的延长线通过圆心，如图1.15所示。

（3）较小圆和圆弧可按图1.15（b）的形式标注。

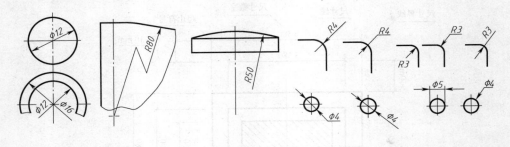

图1.15　直径、半径的标注

2.5.4　角度的注法

尺寸界线应沿径向引出，尺寸线画成圆弧，圆心是角的顶点，起止符号用箭头，数字一律水平书写，如图1.16所示。

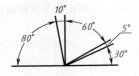

图1.16　角度的标注

任务三　掌握基本绘图技能

一张工程图样可以通过尺规绘图、徒手作图、计算机绘图三种途径来完成，随着软硬件技术的发展，目前绝大部分的工程图样都采用计算机来绘制。但尺规绘图是工程技术人员必备的基本技能，尺规绘图是指使用绘图工具和仪器绘制图样。尺规绘图既是学习图学理论知识不可缺少的过程，又是计算机绘图的基础。本任务就是要了解几种常用绘图工具和仪器，掌握尺规绘图的基本方法和步骤。

3.1　图板和丁字尺

图板用于铺放图纸，其板面必须平坦，左右两短边（称导边）必须平直，以保证与丁字尺尺头的内侧边良好接触。绘图时须用胶带纸将图纸固定在图板上（图1.17）。

丁字尺用来画水平方向的平行线。丁字尺由尺头和尺身组成（图1.17），尺头和尺身的结合必须牢固。丁字尺尺头的内侧边及尺身的上边缘称工作边，要求平直、光滑。使用时，要用左手握尺头，使其紧靠图板的左侧导边做上下移动，移动到合适位置后，左手移至画线部位将尺身压住，右手执笔沿尺身的工作边自左向右画水平线（图1.17）。切不可使丁字尺的尺头靠在图板的右侧导边或图板的上边和下边画线，也不得用丁字尺的下边缘画线。用铅笔沿尺身工作边画线时，笔杆应稍向外倾斜，尽量使笔尖贴靠尺边。

3.2　三 角 板

　　绘图时要准备一副规格不小于 25 cm 的三角板（45°角和 30°、60°角各一块），三角板应板平边直，角度准确。

　　三角板与丁字尺配合使用，可画竖直线和 15°倍角的斜线（图 1.18、图 1.19）。画竖直线时，将三角板的一直角边紧靠丁字尺的工作边，用左手按住尺身和三角板，右手执笔沿三角板的另一直角边自下而上画线。

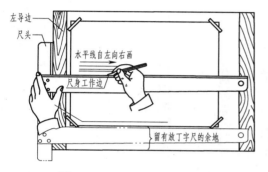

图 1.17　用丁字尺画水平线

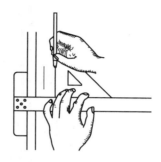

图 1.18　用三角板和丁字尺配合画垂直线

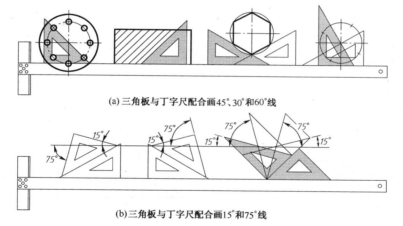

(a)三角板与丁字尺配合画45°、30°和60°线

(b)三角板与丁字尺配合画15°和75°线

图 1.19　用三角板和丁字尺配合画 15°倍角的斜线

3.3　圆规与分规

　　圆规的一条腿上装有定心针，定心针两端有不同的针尖，有台肩一端用于画圆定心，无台肩一端作分规用（图 1.20）。另一条腿上带有肘形关节，其插脚是可换的，装上针尖插脚可当作分规用，装上铅芯插脚或墨线笔插脚以及加长杆，可用来画圆（墨线圆）和大圆。

　　作分规用时，两脚的针尖都用无台肩端，且两针尖靠拢后应平齐[图 1.21(c)]。分规是量取尺寸和等分线段的工具，其用法如图 1.21 所示。

　　作圆规用时，定心针要用台肩端，针尖应比铅芯或直线笔的尖端稍长，针尖扎入圆心要扎透纸面，使台肩抵住纸面，可保护圆心针孔不被扩大，如图 1.22(a)所示。

　　画圆时，要根据所画圆的半径调整圆规的两脚，使定心针和铅芯均垂直于纸面，转动时，用力和速度都要均匀,并使圆规略向前倾斜,如图 1.22(a)、(b)所示。画大直径圆时需使用加长杆,但也要调整使定心针和铅芯垂直于纸面,如图 1.22(c)所示。

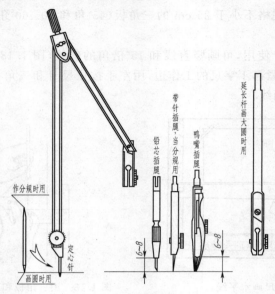

图 1.20　圆规及其附件

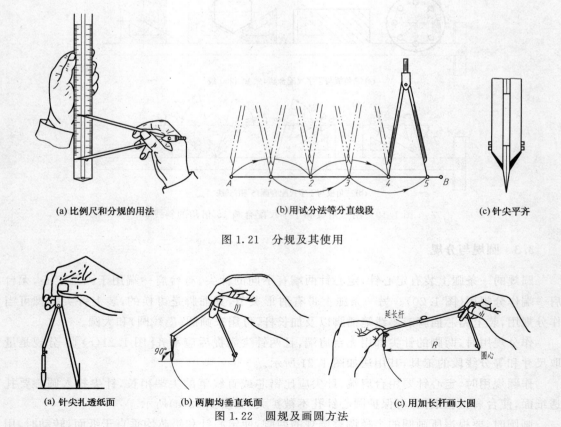

(a) 比例尺和分规的用法　　(b)用试分法等分直线段　　(c) 针尖平齐

图 1.21　分规及其使用

(a) 针尖扎透纸面　　(b) 两脚均垂直纸面　　(c) 用加长杆画大圆

图 1.22　圆规及画圆方法

3.4　比例尺

当绘图时采用的绘图比例不是1：1时，为了省去计算的麻烦，要用比例尺来量取尺寸。

比例尺一般为三棱柱体，也称三棱尺。比例尺的三个棱面上分别刻有6种不同比例的刻度尺寸。量取尺寸时，常按所需比例用分规在比例尺上截取所需长度，如图1.21(a)所示，也可直接把比例尺放在图纸上量取所需长度。

3.5　绘图铅笔

铅笔的一端印有铅笔硬度的标记。铅芯的软硬用字母B、H表示，B愈多表示铅芯愈软(黑)，H愈多表示铅芯愈硬。一般画底稿用2H或3H的铅笔，加深细线时用H、HB、B的铅笔，加深粗实线或写字宜用2B、B或HB的铅笔。当画底稿、绘制各种细线、写字和画箭头时，铅笔芯应削磨成圆锥形；加深粗实线时，铅笔芯宜削磨成四棱柱或扁铲形，其厚度符合所画图线的粗细。削铅笔时应保留铅笔一端的标记，以便使用时识别。装在圆规铅笔插腿中的铅芯的削磨方法，也应如此。

画线时，铅笔的位置如图1.23(c)所示，即从正面看应略向画线方向倾斜，尽量使铅笔靠紧尺边，从侧面看铅芯应与纸面垂直。

　(a)削铅笔　　　　　　(b)加深图线时的铅芯形状　　　　(c)画线时铅笔与尺的关系

图1.23　铅笔的使用方法

3.6　曲线板

曲线板是画非圆曲线的工具，其轮廓线由多段不同曲率半径的曲线组成(图1.24)。作图时，先徒手用较硬的铅笔轻轻地把曲线上的一系列点顺次地连接成曲线，然后选择曲线板上曲率合适的部分与徒手连接的曲线贴合(至少连续通过四个点)并描深，如此将曲线分段画完。应注意相邻两段曲线段要有一部分搭接才能使所画的每段曲线光滑过渡。

图1.24　曲线板及其使用

任务四　几何作图

桥梁、隧道、房屋等建筑物,它们的轮廓形状虽然是多种多样的,但基本上还是有直线、圆弧和非圆曲线组成的几何图形。本任务主要介绍这些图形的作图方法。

4.1　线段等分及斜度与锥度的画法

4.1.1　等分线段

(1)等分已知直线段的一般方法,如图 1.25 所示。

(2)在实际绘图过程中,为了提高绘图速度和避免较多的作图线,也常采用试分法等分直线段。即先凭目测估计使分规两针尖距离大致接近等分长度,若试分后的最后一点未与线段的另一端重合,则需根据超出或留空的距离;调整两针尖距离,再进行试分,直到满意为止。

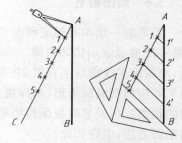

图 1.25　等分已知直线段

4.1.2　斜　　度

斜度是指一直线(或平面)对另一直线(或平面)的倾斜程度。通常用两直线(或平面)间夹角的正切 $\tan \alpha$ 来表示斜度的大小,如图 1.26(a)所示。在图中标注时,一般将此值化为 $1:n$ 的形式,即:斜度$=\tan \alpha = H/L = 1:n$。

斜度符号的画法如图 1.26(b)。标注斜度时,符号方向应与斜度方向一致,如图 1.26(c)所示。过已知点作斜度的画图过程,如图 1.27 所示。

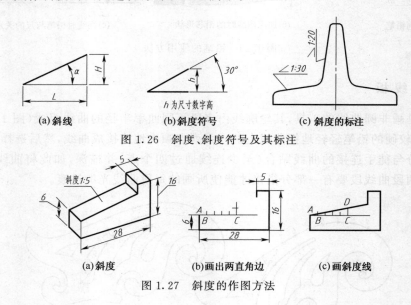

(a)斜线　　　　　(b)斜度符号　　　　　(c)斜度的标注

h 为尺寸数字高

图 1.26　斜度、斜度符号及其标注

(a)斜度　　　　(b)画出两直角边　　　(c)画斜度线

图 1.27　斜度的作图方法

4.2　等分圆周与正多边形画法

4.2.1　六等分圆周与画正六边形

已知正六边形的对角线距离 D,如图 1.28 所示,以 $R=D/2$ 为半径作一圆,然后用圆规以半径为距离将圆周六等分,连接各等分点即得正六边形。

用30°三角板与丁字尺配合可不画外接圆,直接做出正六边形,作图过程如图1.29所示。

当然若已知正六边形的对边距离 S 时,可将直径为 S 的正六边形的内切圆六等分。用圆规等分圆周,再过各等分点作该圆的切线可画出正六边形。用30°三角板与丁字尺配合,也可画出正六边形。

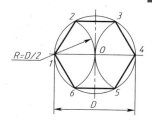

图1.28　用圆规六等分圆周

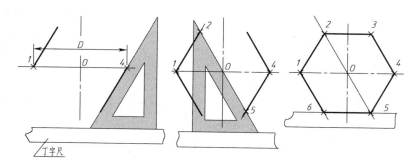

图1.29　用丁字尺、三角板绘制正六边形

4.2.2　五等分圆周及画正五边形

将直径为 ϕ 的圆周五等分并作正五边形。如图1.30,先将圆的半径 OB 平分得点 P 后;以 P 点为圆心,PC 为半径画弧交 OA 于点 H;然后以 CH 为边长自 C 点开始等分圆周,得出 E、F、G、I 等分点,依次连接各等分点即得正五边形。

同理用任意等分圆周的方法 n 等分圆周,即可画出正 n 边形。

4.2.3　n 等分圆周及画正 n 边形

如果想一次性准确画出正 n 边形,可用"任意等分圆周的方法"。现以七等分圆周(图1.31)为例说明其作图步骤:

(1)过已知圆的圆心 O 作水平直径 AB 及垂直直径 CD。

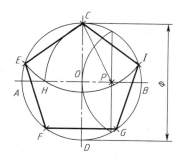

图1.30　正五边形的画法

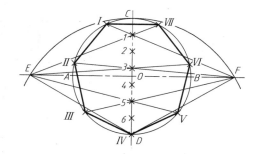

图1.31　七等分圆周的方法

(2)以 D 为圆心,以已知圆直径 CD 为半径画圆弧,交 AB 的延长线于 E 和 F 点。

(3)将直径 CD 七等分,即用等分线段的方法得1、2、3、4、5、6等分点。

(4)分别自 E、F 点与 CD 上的奇数或偶数点(图中为奇数点1、3、5、D 等分点)连接,并延长与圆周相交即得各等分点。若顺次连接各等分点即得正七边形。

等分圆周除了上述方法外,也可用试分法依照等分直线段的方法进行等分。

4.3 椭圆的画法

1.同心圆法:已知椭圆长轴 AB 和短轴 CD。如图 1.32(a),分别以 AB、CD 为直径作同心圆,过圆心 O 作一系列射线与两圆相交,过大圆上各交点I、II……作短轴的平行线,过小圆上各交点 1、2……作长轴的平行线,两对应直线交于 M_1、M_2……各点。用曲线板光滑连接各点。

2.四心圆弧近似法:已知椭圆的长轴 AB 和短轴 CD。如图 1.32(b),连接 AC,在 OC 延长线上取 $OE=OA$,再在 AC 上取 $CF=CE$,然后作 AF 的垂直平分线,与长、短轴分别交于 1、2 两点,并做出其对称点 3、4。分别以 2、4 为圆心,以 $2C(=4D)$ 为半径画两段大圆弧,以 1、3 为圆心,以 $1A(=3B)$ 为半径画两段小圆弧,四段圆弧相切于 K、K_1、N_1、N 点,组成一个近似的椭圆。

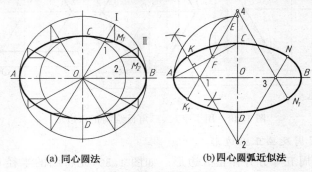

(a) 同心圆法 　　　　　　　　　(b) 四心圆弧近似法

图 1.32　椭圆的画法

4.4 圆弧连接

图 1.33 所示的是吊钩的轮廓图。可以看出在画物体的轮廓形状时,经常会遇到用圆弧(如 $R5$、$R8$ 和 $R42$ 的圆弧)将直线或其他圆弧光滑圆顺地连接起来,这种情况称为**圆弧连接**。

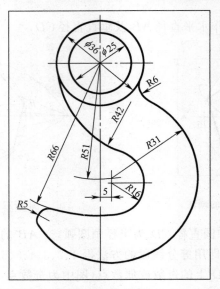

图 1.33　吊钩

　　连接两已知线段的圆弧称为**连接圆弧**。为了得到光滑圆顺的连接,关键是要准确地求定连接圆弧的圆心及连接圆弧与被连接线段的切点。

1. 连接形式

连接形式有两种:圆弧与直线的连接;圆弧与圆弧的连接。

2. 基本原理

(1)当连接圆弧(半径为 R)与已知直线 AB 相切时,其圆心的轨迹是一条与已知直线 AB 平行的直线 L,距离为连接圆弧半径 R。过连接弧圆心向被连接线段作垂线可求出切点 T,切点是直线与圆弧的分界点,如图 1.34(a)。

(2)当连接圆弧(半径为 R)与已知圆弧 A(圆心为 O_A,半径为 R_A)相切时,其圆心的轨迹为已知圆弧 A 同心圆弧 B,其半径 R_B 随相切情况而定:两圆外切时,$R_B = R_A + R$,两圆内切时,$R_B = |R - R_A|$。连心线 OO_A 与圆弧 A 的交点为切点 T,如图 1.34(b)、(c)所示。

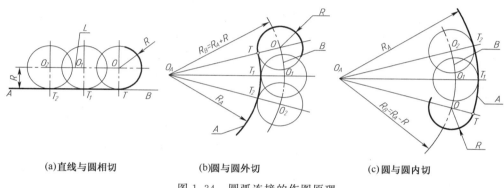

(a)直线与圆相切　　　　(b)圆与圆外切　　　　(c)圆与圆内切

图 1.34　圆弧连接的作图原理

3. 作图方法

圆弧连接各种情况的作图方法和过程如图 1.35 所示。

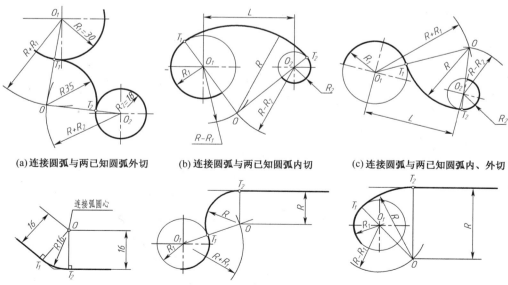

(a)连接圆弧与两已知圆弧外切　　(b)连接圆弧与两已知圆弧内切　　(c)连接圆弧与两已知圆弧内、外切

(d)圆弧连接两已知直线　　(e)圆弧连接已知直线与圆弧（外切）　　(f)圆弧连接已知直线与圆弧（内切）

图 1.35　各种连接圆弧的画法

(1)求作连接圆弧的圆心。

(2)找出切点位置。

(3)画连接圆弧。

复习思考题

1.为什么要制定国家标准和行业标准？

2.绘图比例 1∶2 和 2∶1 的具体含义是什么？

3.工程图样中线性尺寸指哪些？

项目二　投　影　制　图

工程建筑物都是根据图样施工建造的,所以图样就必须确切地表示出它们的形状、大小和材料等内容。本项目介绍正投影法的基本原理和三面投影图的形成及其基本画法,从而培养学生对于工程图样的绘图和读图能力。

任务一　建立三面投影体系

本任务重点介绍正投影法和三面投影图的基本规律,通过学习掌握正投影的主要特性和投影图中的“三等”关系,为学生绘制与阅读工程物体的投影图奠定初步的理论基础。

1.1　投影的基本理论

1.1.1　投影的基本概念和分类

1. 投影的基本概念

在日常生活中,常见到投影现象。例如,在电灯与桌面间放一块三角板,在桌面上会出现三角板的影子。在阳光的照射下,地面上会出现人、树以及各种建筑物的影子,这些现象就是投影的现象。

投影有以下基本要素:

投影中心——点光源 S;

投射线——从投影中心发出的射线;

投影面——接受影子的平面(也称承影面);

投影——通过投射线将物体投射到投影面上所得到的影子;

投影法——由投影中心或投射线把物体投射到投影面上,从而得到其投影的方法。

如图 2.1 所示,将灯泡抽象为点光源 S 称投影中心。S 点与物体上任一点间的连线(如 SA)称投射线。平面 P 称投影面,SA 的延长线与投影面的交点 a,称空间 A 点在 P 平面上的投影。

2. 投影的分类

投影法有中心投影法和平行投影法两类。

(1)中心投影法

投射线在有限远处相交于一点(投影中心),称**中心投影法**,所得的投影称为中心投影,如图 2.2 所示。

(2)平行投影法

投影面保持不动,将投影中心 S 移至无穷远处,则投射线相互平行,称**平行投影法**,所得到的投影称为平行投影,如图 2.3 所示。

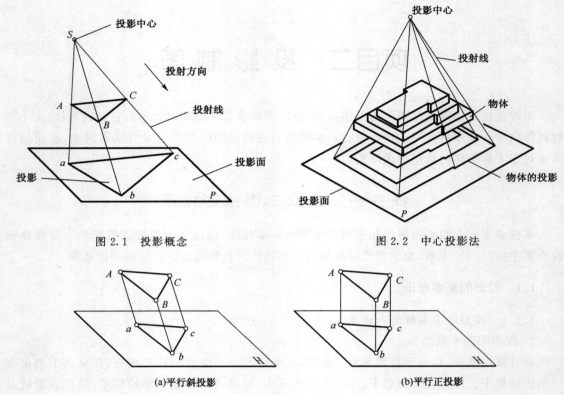

图 2.1 投影概念   图 2.2 中心投影法

(a)平行斜投影   (b)平行正投影

图 2.3 平行投影法

在平行投影法中,由于投影线对投影面倾角不同,又分为:

① 斜投影法:投射线倾斜于投影面,如图 2.3(a)所示。

② 正投影法:投射线垂直于投影面,如图 2.3(b)所示。用正投影法得到的投影图,与物体距离投影面的远近无关。由于它具有这种性质,所以用正投影法画出的图形,能够确切地表达物体的形状和大小,且作图简单,度量方便,是工程图样中经常采用的一种主要图示方法。

1.1.2 平行投影的基本特性

1. 同素性

一般情况下点的投影仍为点,线段的投影仍为线段。

2. 从属性

点在线段上,则点的投影一定在该线段的同面投影上。如图 2.4(a)所示,点 M 在线段 AB 上,则点 M 的投影 m 一定在线段 AB 的投影 ab 上。

3. 定比性

点分线段之比,投影后保持不变。如图 2.4(a)所示,$AM:MB=am:mb$。

空间两平行线之比,等于其投影之比,即 $AB:CD=ab:cd$,如图 2.4(b)所示。

4. 平行性

空间两平行直线,其同面投影亦平行。如图 2.4(b)所示,空间直线 $AB /\!/ CD$,其投影 $ab /\!/ cd$。

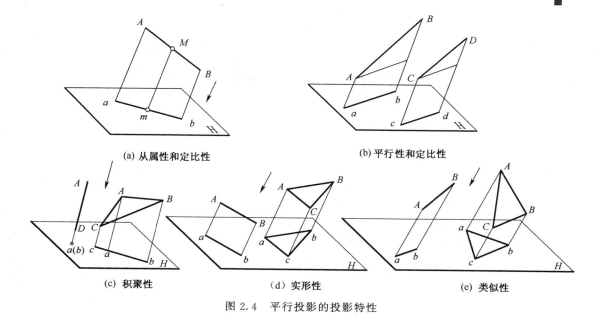

(a) 从属性和定比性   (b) 平行性和定比性

(c) 积聚性   (d) 实形性   (e) 类似性

图 2.4 平行投影的投影特性

5.积聚性

当直线或平面与投射线平行时,直线的投影积聚为一个点,平面的投影积聚为一条直线,如图 2.4(c)所示。

6.实形性

当直线或平面平行于投影面时,则直线的投影反映实长、平面的投影反映实形,如图 2.4(d)所示。实形性也称度量性。

7.类似性

当平面既不平行于投影线,也不平行于投影面时,空间平面图形与其投影相类似(但并非近似),如图 2.4(e)所示。

1.1.3 工程上常用的几种投影图

1. 多面正投影

优点:作图方便,便于度量,应用最广。

缺点:直观性不强,缺乏投影知识的人不易看懂。

2. 轴测投影图

平行投影的一种,只需一个投影面,能同时反映空间形体的三维向度,如图 2.5 所示。

优点:直观性强,在一定条件下也能直接度量。

缺点:绘制较费时,表达形体时形状有变形,一般作为正投影的辅助图样。

3. 透视投影图

透视投影图采用中心投影法。一般作为正投影的辅助图样,如图 2.6 所示。

优点:图形十分逼真。

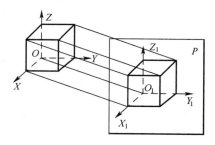

图 2.5 轴测投影图

缺点：度量性差，绘制复杂。

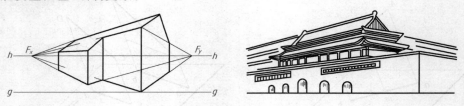

图 2.6　建筑物的透视图

4. 标高投影图

正投影的一种，主要用来表示地形。

采用地面等高线的水平投影，并在地面上标出高度的图示法，如图 2.7 所示。

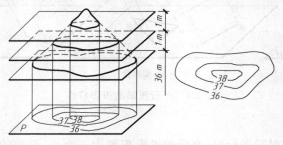

图 2.7　地形的标高投影图

1.2　建立三面投影体系

1.2.1　三面投影体系

对于形体一般需要两个或两个以上的投影才能完整准确表达。如图 2.8 所示，三个形体的空间形状虽然不同，但是在 H、V 面上的投影是一样的，因此无法准确、唯一地表达形体。为了能够准确完整表达形体，也为了便于读图和标注尺寸，一般常采用三面投影图来表达形体。

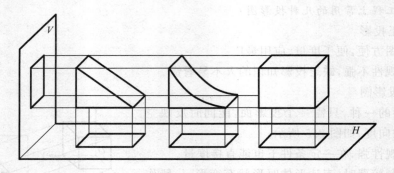

图 2.8　一个或两个投影不能确定物体的空间形状

1.2.2　三面投影的形成

如图 2.9(a)所示，设置三个互相垂直的投影面 V（正投影面）、H（水平投影面）、W（侧投影面）形成一个三投影面体系。将形体分别向三个投影面投射即可得到形体的三面投影图，投射方向如图 2.10 所示。

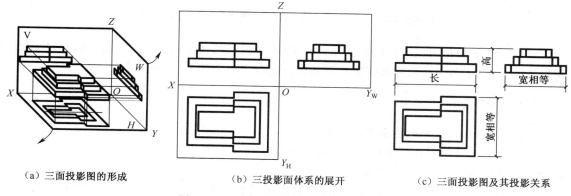

(a) 三面投影图的形成　　　　　(b) 三投影面体系的展开　　　　(c) 三面投影图及其投影关系

图 2.9　三面投影图的形成及其投影规律

正面投影图——由前向后在 V 面上投射，简称 V 面投影或正投影；

水平投影图——由上向下在 H 面上投射，简称 H 面投影或水平投影；

侧面投影图——由左向右在 W 面上投射，简称 W 面投影或侧投影。

三个投影面的交线称为投影轴，分别用 OX、OY、OZ 表示。三个投影轴也相互垂直相交，其交点 O 称为原点。

OX——一般为形体的长方向；

OY——一般为形体的宽方向；

OZ——一般为形体的高方向。

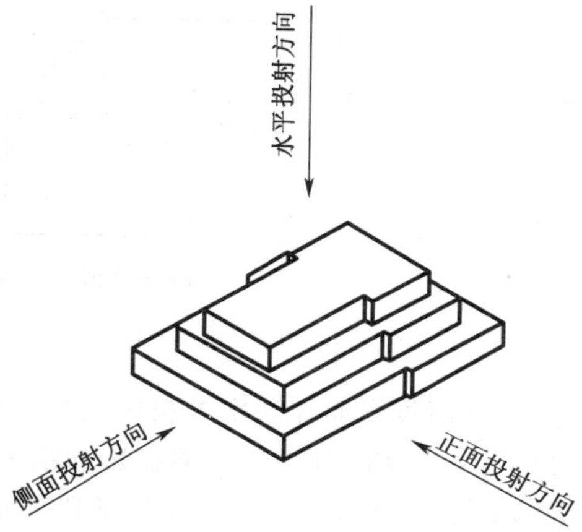

因工程图样最终要在图纸上绘出，为此，要

图 2.10　三面投影图的投射方向（T 形桥台基础）

将三个投影面展开成一个平面。即：令 V 面保持不动，H 面和 W 面连同投影分别绕它们与 V 面的投影轴，向下、向后旋转 90°，如图 2.9(a)中箭头所示方向旋转至与 V 面重合得到三面投影图，如图 2.9(b)所示。展开后 OY 轴分为两个，即 OY_H 和 OY_W。

在不影响相对位置关系的情况下，展开后的三面投影图，一般可不画投影轴和投影面的边界线，如图 2.9(c)所示。

在机械制图中，三面投影图通常称为三视图。

1.2.3　三面投影图的基本规律

由图 2.9(c)可知，三个投影图之间存在着如下度量关系：

正面投影和水平投影，都反映了形体的长度（等长）；

正面投影和侧面投影，都反映了形体的高度（等高）；

水平投影和侧面投影，都反映了形体的宽度（等宽）。

通过上述分析，概括出三投影图的基本投影规律：**长对正、高平齐、宽相等**。

在三个投影图中，形体及其每一局部，如物体上的点、线、面等均应保持这种对应的投影关系，它是我们今后读图、画图的基本依据。

任务二 掌握点、线、面的投影规津

点、直线、平面是组成形体的基本几何元素,研究他们的投影特性,可以提高投影分析和空间想象能力,为正确表达形体和解决空间几何问题奠定必要的理论基础。

2.1 点的投影

2.1.1 点在三投影面体系中的投影

对于一个点只需要有两面投影体系即可确定其在空间的相对位置,但从形体表达角度出发,我们自然需要对点进行三投影研究。

我们规定空间点以大写字母来表示,其对应的投影以相应小写字母表示。如图 2.11,空间 A 点在 H、V 和 W 面上的投影分别表示为 a、a'、a''。

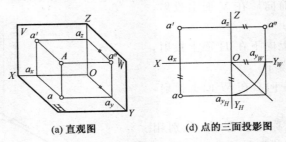

(a) 直观图   (d) 点的三面投影图

图 2.11 三投影面体系中第一分角点的投影

点在三面投影面体系中的投影规律,可概括如下:

(1) $a'a \perp OX$,即点的正面投影和水平投影的连线垂直于 OX 轴;

(2) $a'a'' \perp OZ$,即点的正面投影和侧面投影的连线垂直于 OZ 轴;

(3) A 点到 W 面的距离 Aa'',称为横坐标,用 X 表示,即 $X = Aa'' = a'a_z = aa_y$。

A 点到 V 面的距离 Aa',称为纵坐标,用 Y 表示,即 $Y = Aa' = aa_x = a''a_z$。

A 点到 H 面的距离 Aa,称为 Z 坐标,用 Z 表示,即 $Z = Aa = a'a_x = a''a_{yW}$。

点 A 的水平投影 a 反映该点的 X 和 Y 坐标;

点 A 的正面投影 a' 反映该点的 X 和 Z 坐标;

点 A 的侧面投影 a'' 反映该点的 Y 和 Z 坐标。

点的任何两个投影都包含 X、Y、Z 三个坐标,因此,已知点的两个投影,可求出其第三投影。

为了作图方便,可自原点 O 作一条 45°的辅助线,以保证 $aa_x = a''a_z$。

【例 2.1】 已知空间点 D 的坐标(20,15,10),试作出其投影图(图 2.12)。

【作图步骤】

(1)在 OX 轴上由 O 向左量取 20 确定 d_x,过 d_x 作与 OX 轴垂直的投影连线;

(2)自 d_x 向下量取 15 确定水平投影 d,自 d_x 向上量取 10 确定正面投影 d';

(3)借助 45°线和点的投影规律,作出侧面投影 d'',图中箭头表示作图顺序。

2.1.2 特殊位置点的投影

特殊位置的点:指位于投影面上、投影轴上以及原点上的点(图 2.13)。其投影特点是:

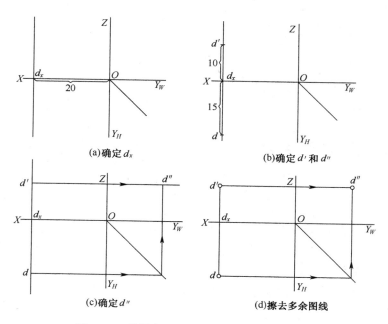

图 2.12 根据点的已知坐标求作点的投影图

（1）点在投影面上（如图 2.13 中的 A、B 和 E 点），其一个投影在投影面上且与空间点重合，另外两个投影落在投影轴上。

（2）点在投影轴上（如图 2.13 中的 C 点），其两个投影在投影轴上且与空间点重合，另外一个投影在原点。

（3）点在原点上（如图 2.13 所示的 D 点），其三个投影都在原点上且与空间点重合。

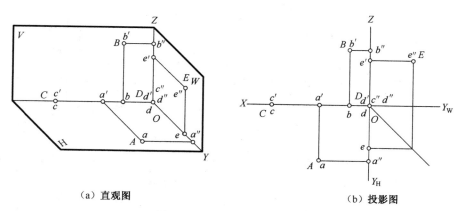

图 2.13 特殊位置点的投影

2.1.3 两点的相对位置

1. 一般位置

抽取三棱锥上的点 A 和点 S。如图 2.14 所示。

A、S 两点的左、右位置由 X 坐标决定，$X_A > X_S$，表示 A 点在 S 点的左方；

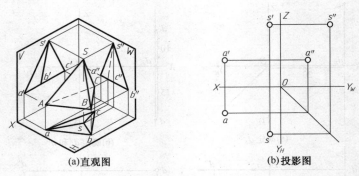

(a)直观图　　　　　(b)投影图

图 2.14　A、S 两点的相对位置

A、S 两点的前、后位置由 Y 坐标决定，$Y_A < Y_S$，表示 A 点在 S 点的后方；

A、S 两点的上、下位置由 Z 坐标决定，$Z_A < Z_S$，表示 A 点在 S 点的下方。

【例 2.2】　已知点 A 的两投影 a 和 a'，如图 2.15(a)所示，并知点 B 在点 A 的右方 10mm、上方 8mm、前方 6mm，试确定点 B 的投影。

【作图步骤】

(1) 根据点 B 在点 A 的右方 10mm，所以自 a_x 沿 OX 轴向右量取 10mm，并作线垂直于 OX 轴，从而确定 bb' 连线的位置，如图 2.15(b)。

(2) 由于点 B 在点 A 上方 8mm，所以过 a' 作水平线与 bb' 连线相交，然后由交点向上量取 8mm，即得点 B 的正面投影 b'；点 B 在点 A 前方 6mm，所以过 a 作水平线与 bb' 连线相交，然后由交点向前方量取 6mm，即得水平投影 b，如图 2.15(c)所示。

(3) 根据两投影求水平投影 a'' 和 b''，如图 2.15(d)所示。

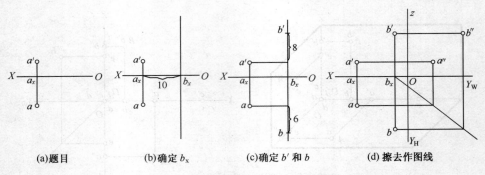

(a)题目　　　(b)确定 b_x　　　(c)确定 b' 和 b　　　(d)擦去作图线

图 2.15　按相对坐标求作点的投影图

2. 特殊位置

当空间两个点在某一投影面上的投影重合时，这两点对于该投影面来说称为**重影点**。图 2.16(a)中的 A、B 两点为 H 面的重影点，C、D 两点为 V 面的重影点。有重影就有可见性问题，不可见投影以小括号括起来，如 A、B 两点的水平投影为重影点，而 A 在上，B 在下，则 B 点的水平投影以 (b) 表示。

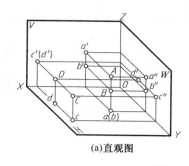

(a)直观图

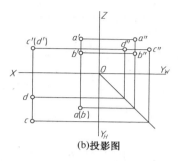

(b)投影图

图 2.16 重影点

2.2 直线的投影

任何直线都是由该直线上任意两点(或由直线上的一点及该直线的方向)所确定的。因此要作直线的三面投影,只要作出该直线上任意两点(通常取线段的两个端点)在各个投影面上的投影,连接两点的同面投影即得直线的投影。

如图 2.17(a),已知直线 AB 的两个端点 A 和 B。若连接 A、B 两点的同面投影 ab、$a'b'$ 和 $a''b''$,即得直线 AB 的三面投影图,如图 2.17(b)所示。

空间直线与投影面之间的夹角称为**倾角**,直线与 H 面、V 面和 W 面的倾角分别用 α、β 和 γ 表示,如图 2.17 (c)所示。

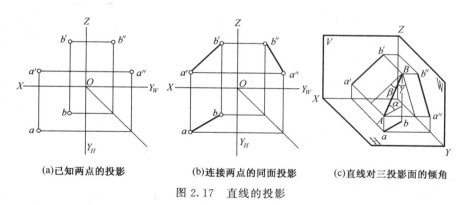

(a)已知两点的投影   (b)连接两点的同面投影   (c)直线对三投影面的倾角

图 2.17 直线的投影

2.2.1 各种位置直线的三面投影

根据直线的投影特性,直线对投影面的相对位置分为三种,即投影面**平行线**、投影面**垂直线**和投影面**倾斜线**。投影面平行线和垂直线,统称为特殊位置直线,而投影面倾斜线则称为一般位置直线。

1. 投影面平行线

平行于一个投影面而倾斜于另外两个投影面的直线称为投影面平行线。表 2.1 列出了投影面平行线的直观图、投影图和投影特性。

投影面平行线的投影特性可归纳如下:

(1)投影面平行线在其所平行的投影面上的投影反映实长,反映实长的投影与投影轴的夹角,分别反映该直线对另外两个投影面的真实倾角。

(2)投影面平行线在其所倾斜的投影面上的投影长度都缩短,且平行于相应的投影轴。

表 2.1　投影面平行线

名称	水 平 线	正 平 线	侧 平 线
特征	//H,对 V、W 倾斜	//V,对 H、W 倾斜	//W,对 V、H 倾斜
实例			
直观图			
投影图			
投影特性	(1)ab 反映实长及真实倾角 β、γ (2)$a'b'$ //OX 轴,$a''b''$//OY_W 轴,长度缩短	(1)$c'd'$ 反映实长及真实倾角 α、γ (2)cd //OX 轴,$c''d''$ //OZ 轴,长度缩短	(1)$e''f''$ 反映实长及真实倾角 α、β (2)$e'f'$ //OZ 轴,ef //OY_H 轴,长度缩短

2．投影面垂直线

垂直于一个投影面,必然平行于另外两个投影面的直线,称为投影面垂直线。表 2.2 列出了投影面垂直线的直观图、投影图和投影特性。

表 2.2　投影面垂直线

名称	铅 垂 线	正 垂 线	侧 垂 线
特征	//H,//V、//W	//V,//H、//W	//W,//V、//H
实例			

续上表

名称	铅垂线	正垂线	侧垂线
特征	//H，//V、//W	//V，//H、//W	//W，//V、//H
直观图			
投影图			
投影特性	(1)a、b 积聚成一点； (2)$a'b'$ //OZ、$a''b''$ //OZ，都反映实长	(1)c'、d' 积聚成一点； (2)cd //OY_H、$c''d''$ //OY_W，都反映实长	(1)e''、f'' 积聚成一点； (2)$e'f'$ //OX、ef //OX，都反映实长

投影面垂直线的投影特性可归纳如下：

(1)投影面垂直线在其所垂直的投影面上的投影积聚为一点。

(2)投影面垂直线在其它两个投影面上的投影反映实长，且平行于相应的投影轴。

3. 一般位置直线

一般位置直线相对于三个投影面都是倾斜的，如图 2.18 所示。若过点 A 作线段 AB_0 //ab 交 Bb 于 B_0，则 $AB_0 = ab$。在直角三角形 AB_0B 中，AB_0 为直角边，其长度小于 AB，而 $\angle BAB_0$ 反映直线 AB 与投影面 H 的倾角 α。因此，$a'b'$ 与 OX 夹角不能反映倾角 α。由此可归纳一般位置直线的投影特性如下：

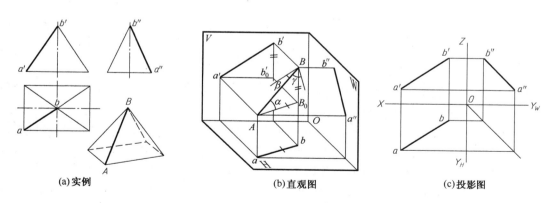

(a)实例　　　　　　　　(b)直观图　　　　　　　　(c)投影图

图 2.18　一般位置直线

(1)三个投影都与投影轴倾斜且长度都比实长短。

(2)三个投影与投影轴的夹角都不反映直线对投影面的倾角。

要得到一般位置直线的实长及倾角，可采用直角三角形法。

如图 2.19(a)所示,直角三角形 AB_0B 就反映直线的实长 AB 和直线对 H 面的倾角 α,只要作出 $\triangle AB_0B$,即可得到实长与倾角,这种方法称为直角三角形法。

在直角三角形 AB_0B 中,$AB_0 = ab$,$B_0B = |Z_A - Z_B| = \Delta Z$,$ab$ 及 ΔZ 在投影图中是已知的,故我们在任意位置作出 $\triangle AB_0B$,则可得到实长与倾角 α。具体作图时,可直接利用水平投影 ab,如图 2.19(b)所示。

同理过 B 点作 $BA_0 // a'b'$,则直角三角形 $\triangle AA_0B$ 中,$A_0B = a'b'$,$AA_0 = |Y_A - Y_B| = \Delta Y$,$\angle ABA_0 = \beta$。作图时可直接利用正面投影 $a'b'$ 作出直角三角形,如图 2.19(c)所示。

要求 γ 角及实长,可过 B 点作 $BE // a''b''$,则在直角 $\triangle ABE$ 中,$EB = a''b''$,$AE = |X_A - X_B| = \Delta X$,$\angle ABE = \gamma$,作图时可直接利用侧面投影 $a''b''$,如图 2.19(d)所示。

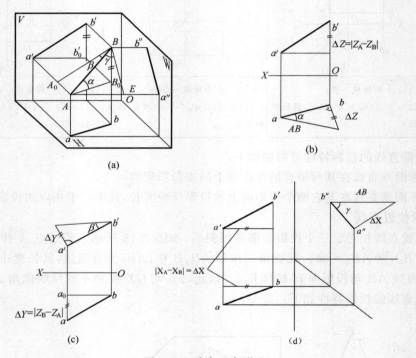

图 2.19 直角三角形法

【例 2.3】 设直线 AB 长 27mm,倾角 $\alpha = 45°$,$\beta = 30°$,如图 2.20(a)所示,并知其左、前、下方端点 A 的投影 a、a',作全 AB 的投影。

【作图步骤】 已知实长和倾角,可作出反映实长和倾角的两个直角三角形,于是可得到投影 ab、$a'b'$ 的长度和坐标差 ΔY、ΔZ。由于两个直角三角形的作图位置与求解结果无关,只要它们与空间分析出来的直角三角形全等即可,故图 2.20(b)的辅助作图安排在投影图外的空白地方。图 2.20(c)是利用辅助作图求作出来的 ab、$a'b'$、ΔY、ΔZ,求作 b、b',连接 ab、$a'b'$ 得到直线的两面投影。

2.2.2 点与直线的相对位置关系

1.直线上的点

点在直线上,点的各面投影必在该直线的同面投影上,如图 2.21(a)、(b)所示。

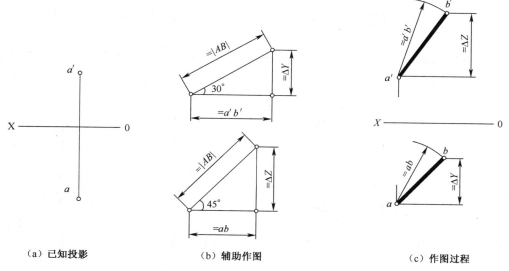

（a）已知投影　　　（b）辅助作图　　　（c）作图过程

图 2.20　已知线段的实长和倾角，补全投影

由图 2.21(b)可知，C 点在直线上，则 C 点的水平投影 c 必在 ab 上，正面投影 c' 必在 $a'b'$ 上，侧面投影 c'' 必在 $a''b''$。同时 C 点的三面投影 c、c'、c'' 必须符合点的投影规律。反之，如点的各面投影都在直线的同面投影上，则该点必位于空间直线上。

如图 2.21(c)所示，点 D 的三面投影不符合上述条件，故 D 点不在直线 AB 上。

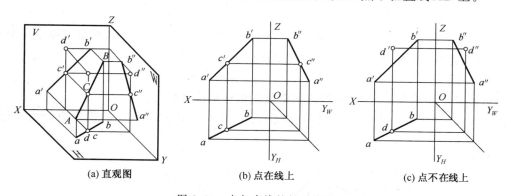

（a）直观图　　　（b）点在线上　　　（c）点不在线上

图 2.21　点与直线的相对位置

2. 分割线段成正比

如图 2.22 所示，点 C 在线段 AB 上，则 C 点把线段 AB 分成 AC 和 CB 两部分，这两部分长度之比等于其同面投影长度之比。即 $AC:CB=ac:cb=a'c':c'b'=a''c'':c''b''$。这种性质称为**定比规律**。

【例 2.4】　如图 2.22(a)所示，已知线段 AB 的两面投影，求出把线段 AB 划分成 3：4 之比的分点 C 的水平投影和正面投影。

【作图步骤】

根据定比规律，$AC:CB=ac:cb=a'c':c'b'=3:4$，用任意等分线段的方法，可求点 C 的两面投影，如图 2.22(b)所示。

（1）过 a 点作任意射线 aB_0，在射线上截取任意 7 等份；

（2）连接 B_0b，然后过 C_0 作 B_0b 的平行线交 ab 于 c 点，即得到了 C 点的水平投影；

（3）求出 C 点的正面投影 c'。

【例 2.5】 如图 2.23(a)所示，已知直线 AB 的正面投影和水平投影及其上一点 D 的正面投影 d'，求 D 点的水平投影 d。

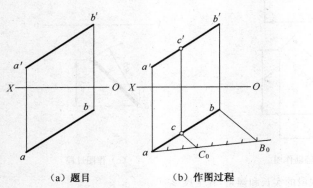

（a）题目　　　　　　（b）作图过程

图 2.22　直线上的点分割线段成定比

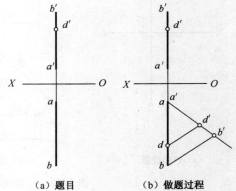

（a）题目　　　　（b）做题过程

图 2.23　定比法求直线上点的投影

【作图步骤】

（1）过 a 作任意直线 aB_0，使 $aB_0 = a'b'$，$aD_0 = a'd'$；

（2）连接 bB_0，过 D_0 作 bB_0 的平行线，交 ab 与 d，则 d 即为所求 D 点的水平投影。

2.2.3　两直线的相对位置

两直线在空间的相对位置有三种：平行、相交和交叉。两直线平行或相交时位于一个平面内，称为**同面直线**；两直线交叉时不在同一平面内，称为**异面直线**。

1.两直线平行

两直线在空间相互平行，则它们的同面投影也一定相互平行。

如图 2.24，两直线 $AB /\!/ CD$，则两直线 H、V 和 W 三个投影面上的投影应分别平行，即 $a'b' /\!/ c'd'$、$ab /\!/ cd$ 和 $a''b'' /\!/ c''d''$。

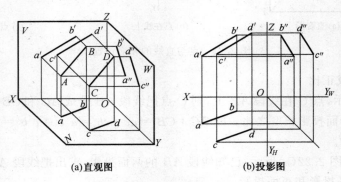

（a）直观图　　　　　　（b）投影图

图 2.24　两直线平行

一般情况下，若两直线的任意两组同面投影相互平行，则可以判定两直线在空间是平行的。

如图 2.25(a)，直线 AB 和 CD 都是正平线，由于给出了正面投影，且 $a'b' /\!/ c'd'$，所以即可判定直线在空间是平行的。

如图 2.25(b)，直线 AB 和 CD 都是侧平线，必须根据其侧面投影，才能判断两条直线在空间是否平行。虽然 $a'b' /\!/ c'd'$、$ab /\!/ cd$，但是 $a''b''$ 和 $c''d''$ 并不平行，所以判定两直线在空间不平行。

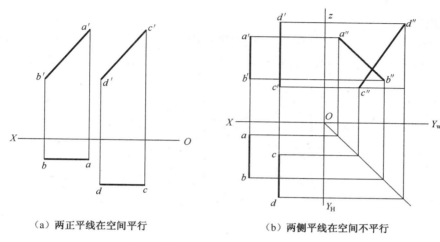

（a）两正平线在空间平行　　　　　　（b）两侧平线在空间不平行

图 2.25　平行线的判定

也就是说，当两直线同时平行于某一投影面，恰好所平行的投影面上的投影未给出，则仅有的两组同面投影平行，无法判断其空间平行，还需观察其所平行的投影面上的投影。

2.两直线相交

两直线空间相交，则它们的同面投影必然相交，且三个投影的交点为空间同一点的投影，必然满足"长对正，高平齐，宽相等"的投影规律。反之，如果两直线的各组同面投影相交，且各同面投影的交点符合空间点的投影规律，则可判断该两直线在空间必定相交。

如图 2.26，两直线 AB 与 CD 相交于点 K。交点 K 是两直线仅有的一个公共点，所以 K 点的水平投影 k 应既在 ab 上也在 cd 上，即 k 是 ab 与 cd 的交点。同理，k' 是 $a'b'$ 与 $c'd'$ 的交点、k'' 是 $a''b''$ 与 $c''d''$ 的交点。因 k、k' 和 k'' 是点 K 的三面投影，所以它们必然符合点的投影规律，由此可在投影图上判断两直线是否相交。

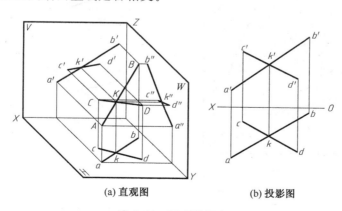

(a) 直观图　　　　　　(b) 投影图

图 2.26　两直线相交

对于两条一般位置相交直线,只要观察它们的任意两对同面投影,即可判定该两直线在空间是否相交,如图 2.26 所示。

但是当两直线中的一条是某个投影面的平行线时,则应根据该直线在其所平行的那个投影面上的投影,才能判断其是否相交。

【例 2.6】　如图 2.27(a)所示,已知直线 AB、CD 的正面投影和水平投影,判断两直线在空间是否相交。

【作图步骤】

如图 2.27 所示,直线 CD 是侧平线,则必须作出两直线的侧面投影。从两直线的三面投影可以看出,投影的交点并不符合点的投影规律,即可判断直线 AB 和 CD 在空间不相交。

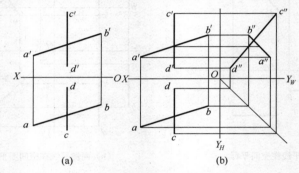

图 2.27　判断两直线在空间是否相交

3.两直线交叉

空间两直线既不平行也不相交,称为交叉直线或异面直线。

如图 2.28(a),虽然 AB 和 CD 的两对同面投影都相交,但交点的投影不符合点的投影规律,所以两直线的空间位置为交叉。

交叉两直线同面投影的交点,实际是一直线上的某点与另一直线上的某点对该投影面的重影点。

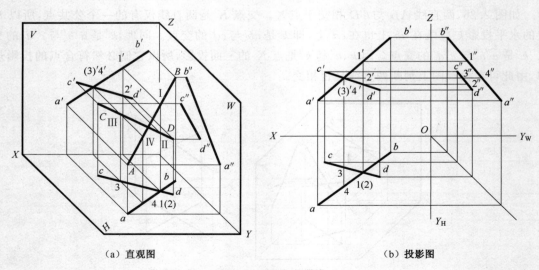

（a）直观图　　　　　　（b）投影图

图 2.28　两交叉直线

4.直角投影定理

如图 2.29,两直线 $AB \perp BC$,其中 $AB \parallel H$ 面,BC 倾斜于 H 面。因 $AB \parallel H$ 面,$Bb \perp H$ 面,所以 $AB \perp Bb$,又因 $AB \perp BC$,所以 $AB \perp$ 平面 $BCcb$,因此,$ab \perp bc$,$\angle abc = \angle ABC = 90°$。反之,若 $ab \perp bc$ 且 $AB \parallel H$ 面,则同样可证 $AB \perp BC$。

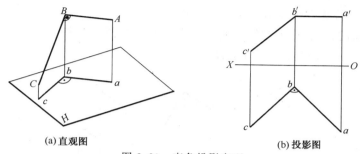

(a)直观图　　　　　　　(b)投影图

图 2.29　直角投影定理

由此可得出结论:**两条互相垂直的直线(相交或交叉),若其中有一条直线是某一投影面的平行线,则两直线在该投影面上的投影仍互相垂直。**反之,若两条直线在某一投影面上的投影互相垂直,且其中有一条直线是该投影面的平行线,则这两直线在空间必定互相垂直。此称为直角投影定理。

【例 2.7】　已知菱形 $ABCD$ 的一条对角线 AC 为正平线,菱形的一边 AB 位于直线 AM 上,试完成菱形的两面投影,如图 2.30(a)所示。

【分析】　菱形的对角线互相垂直且平分。由于 AC 为正平线,故另一对角线 BD 的正面投影必定垂直于 AC 的正面投影 $a'c'$,且过其中点。

【作图步骤】

(1)在对角线 AC 上取中点 $K(k',k)$。

(2)过 k' 作线 $\perp a'c'$ 交 $a'm'$ 于 b',根据 $k'b'$ 求出 kb,如图 2.30(b)所示。

(3)因 $KD = KB$,所以使 $k'd' = k'b'$、$kd = kb$ 可确定 $D(d',d)$ 点。连接各点的同面投影得菱形的两投影,如图 2.30(c)所示。

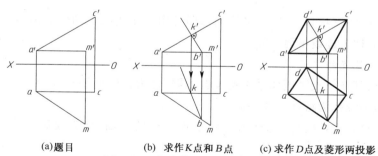

(a)题目　　　　(b)　求作 K 点和 B 点　　　　(c)求作 D 点及菱形两投影

图 2.30　完成菱形 $ABCD$ 的投影

2.3　平面的投影

2.3.1　平面表示法

1.用几何元素表示平面

平面可由几何元素(如点、直线)确定,通常有图 2.31(a)、(b)、(c)、(d)、(e)所示的五种形式。

平面的各种表示形式之间可以相互转换。如将图 2.31(a)中 A、B 两点的同面投影相连，则平面的表示形式转换成图 2.31(b)的形式。转换后，虽然平面的表示形式已不同，但平面在空间的位置始终未变。

2．用平面内的特殊直线表示平面

平面与投影面的交线，称为**迹线**。通常以平面符号加投影面符号（下标）表示，如图 2.31(f)所示，平面 P 的三条迹线分别为 P_H、P_V、P_W。

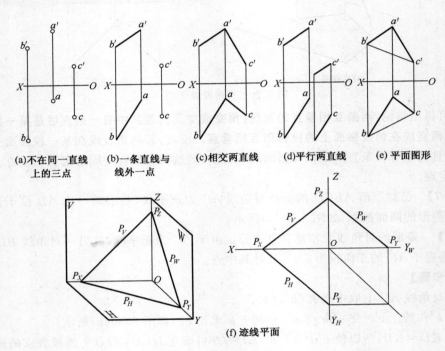

(a)不在同一直线   (b)一条直线与   (c)相交两直线   (d)平行两直线   (e)平面图形
上的三点   线外一点

(f)迹线平面

图 2.31　平面表示法

当不考虑平面的形状和大小（广义平面），即可用三条迹线中的任意两条或三条确定一个平面。此时，平面称为**迹线平面**。

2.3.2　各种位置的平面

空间平面，按其在三投影面体系中的位置不同，分为投影面平行面、投影面垂直面和一般位置平面。前两种统称为特殊位置平面。

平行于一个投影面，必然垂直于另外两个投影面的平面，称为投影面平行面（简称平行面）。

垂直于一个投影面，而倾斜于另外两个投影面的平面，称为投影面垂直面（简称垂直面）。

对三个投影面都倾斜的平面称为一般位置平面。

平面与投影面的夹角称为倾角。平面与 H、V 和 W 面的倾角分别用 α、β 和 γ 表示。

1．投影面平行面

表 2.3 列出了投影面平行面的直观图、投影图和投影特性。

表 2.3　投影面平行面

名称	水 平 面	正 平 面	侧 平 面
特征	//H面,⊥V面和W面	//V面,⊥H面和W面	//W面,⊥H面和V面
实例	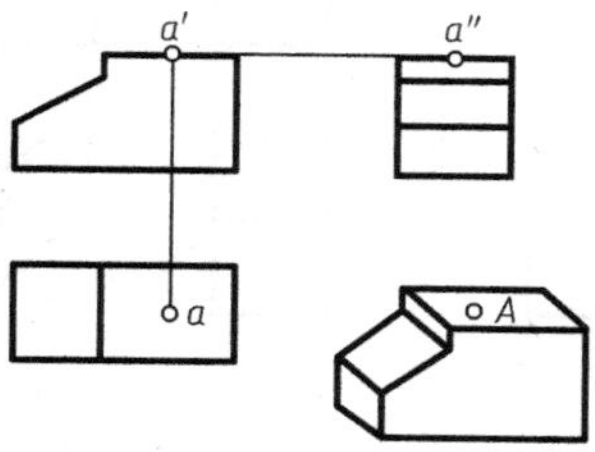	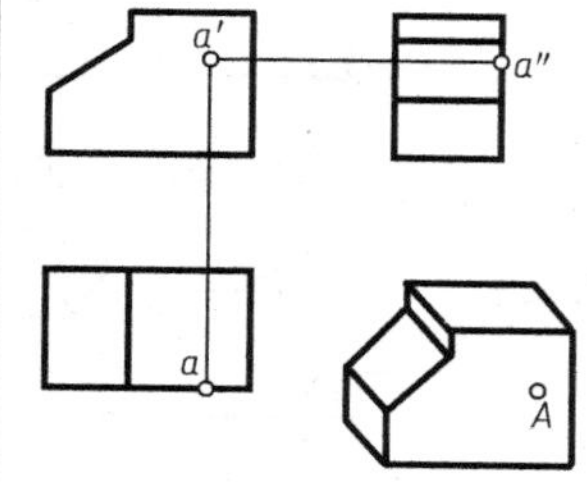	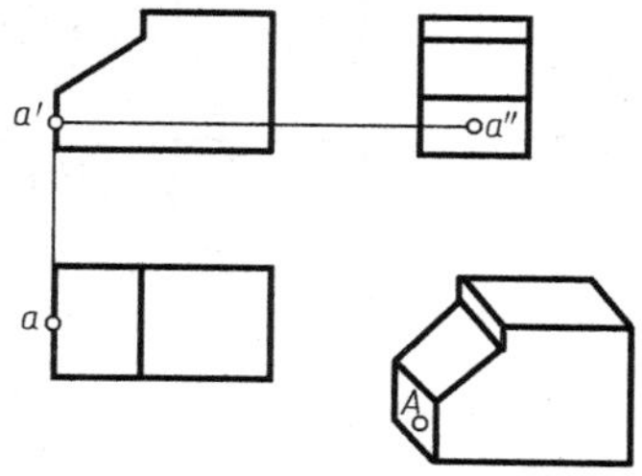
直观图	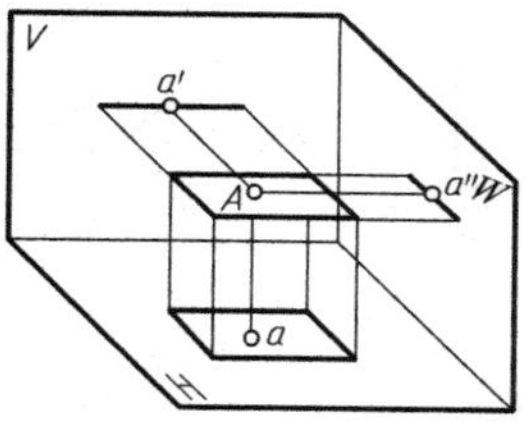	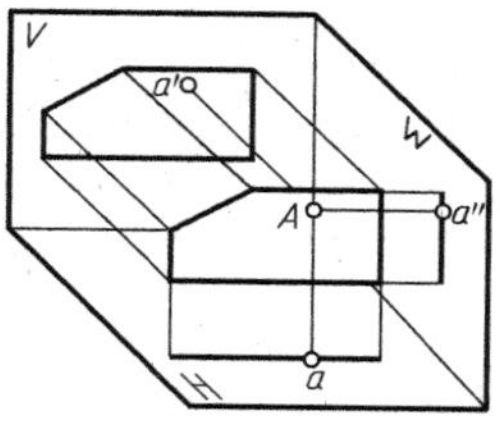	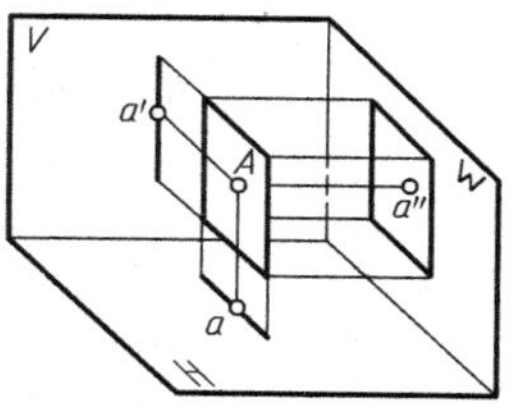
投影图	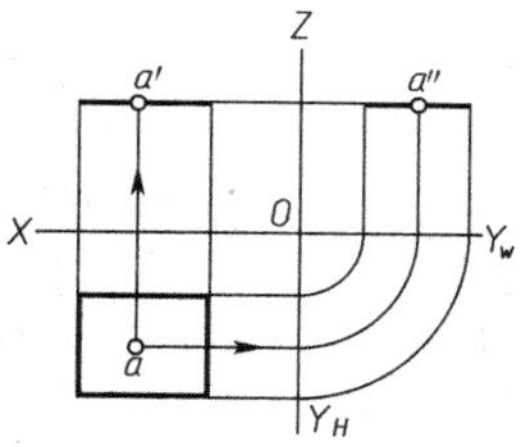	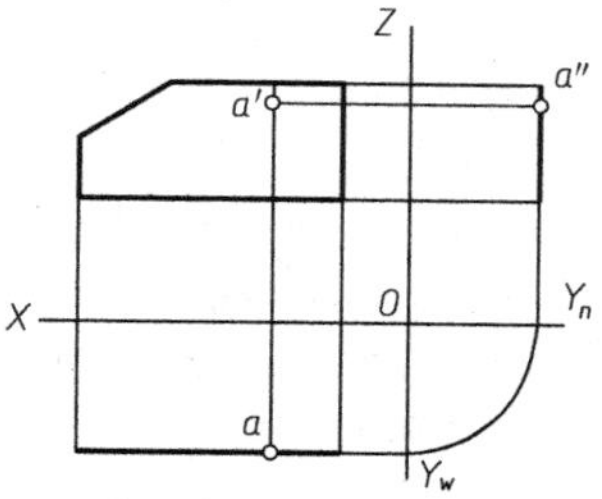	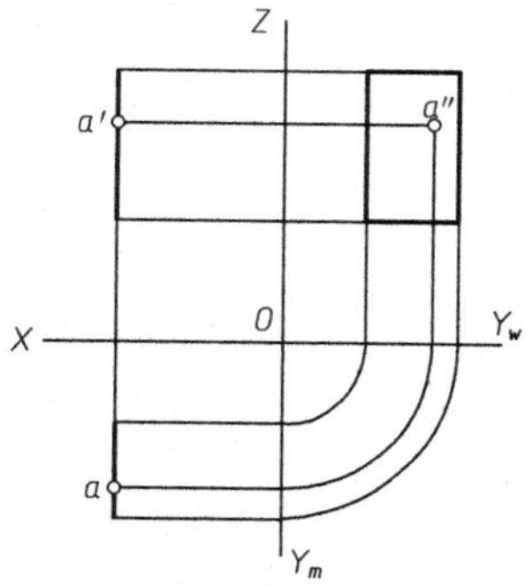
投影特性	(1)水平投影反映实形; (2)正面和侧面投影都积聚成直线段且分别平行于 OX 和 OYw轴	(1)正面投影反映实形; (2)水平投影和侧面投影积聚成直线段且分别平行于 OX 和 OZ 轴	(1)侧面投影反映实形; (2)正面投影和水平投影积聚成直线段且分别平行于 OZ 和 OYH轴

投影面平行面的投影特性归纳如下:

(1)平面在其所平行的投影面上的投影反映实形。

(2)在另外两个投影面上的投影具有积聚性,且分别平行于相应的投影轴。

2. 投影面垂直面

表 2.4 列出了投影面垂直面的直观图、投影图和投影特性。

表 2.4　投影面垂直面

名称	铅 垂 面	正 垂 面	侧 垂 面
特征	⊥H 面,倾斜于 V、W 面	⊥V 面,倾斜于 H、W 面	⊥W 面,倾斜于 H、V 面
实例	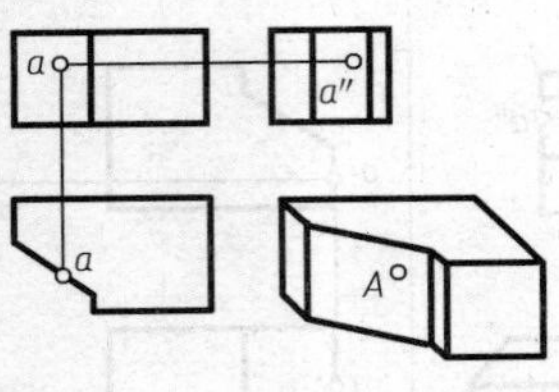	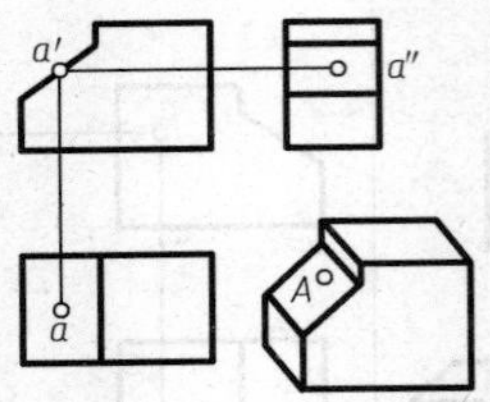	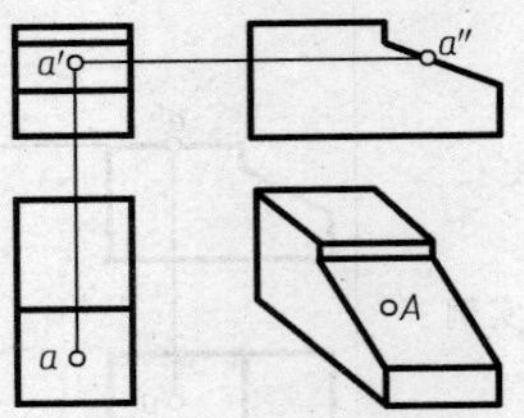
直观图	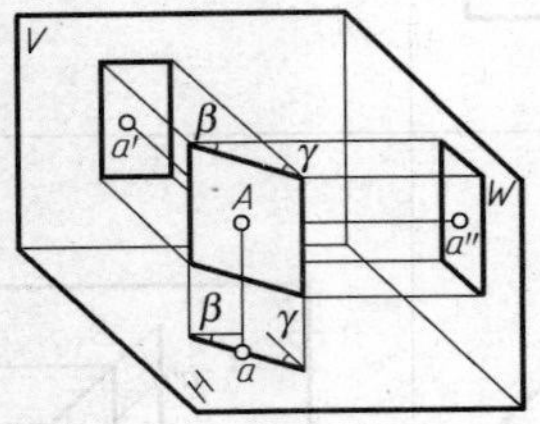	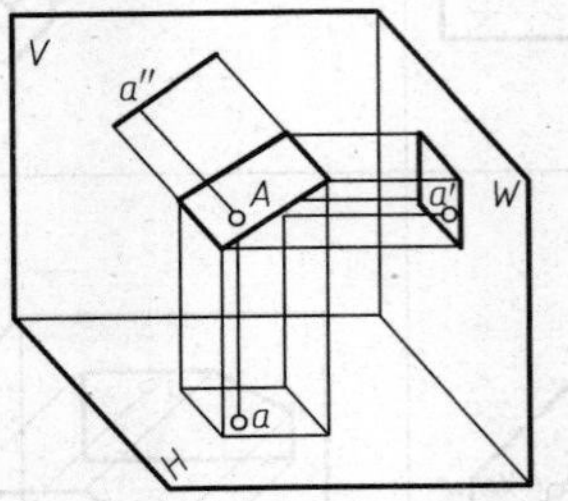	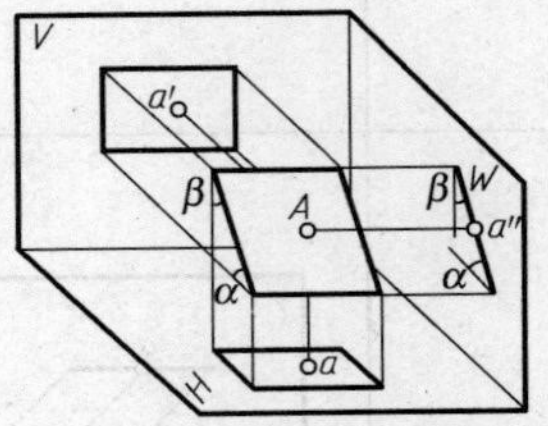
投影图	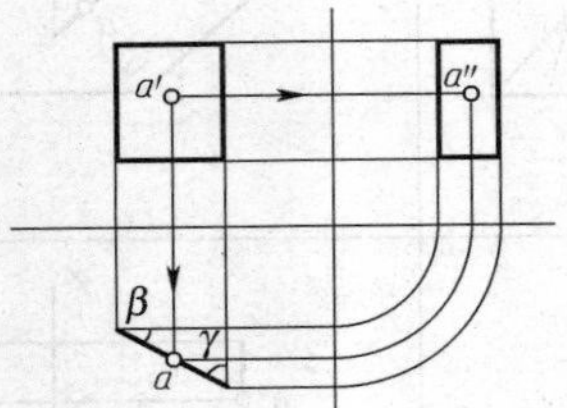	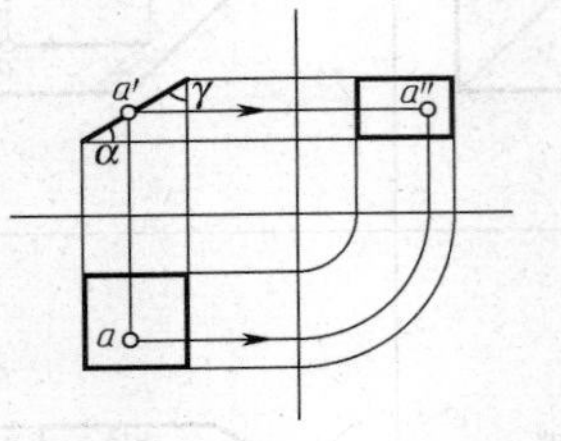	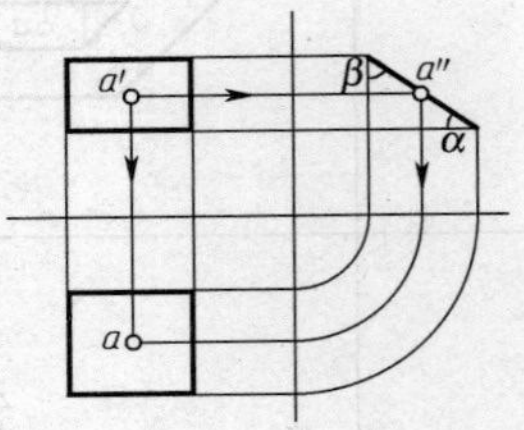
投影特性	(1)水平投影积聚为一条倾斜的直线段,该线段与 OX、OY_H 轴的夹角即为该平面与 V 面和 W 面的倾角 β 和 γ; (2)正面和侧面投影为类似形	(1)正面投影积聚为一条倾斜的直线段,该线段与 OX、OZ 轴的夹角即为该平面与 V 面和 W 面的倾角 α 和 γ; (2)水平和侧面投影为类似形	(1)侧面投影积聚为一条倾斜的直线段,该线段与 OY_W、OZ 轴的夹角即为该平面与 H 面和 V 面的倾角 α 和 β; (2)水平和正面投影为类似形

投影面垂直面的投影特性可归纳如下:

(1)平面在其所垂直的投影面上的投影具有积聚性,该直线段与投影轴的夹角分别反映平面对另外两个倾斜投影面的倾角。

(2)在另外两个倾斜投影面上的投影,仍为平面图形,不反映实形,但具有类似性。

3. 一般位置平面

如图 2.32 所示,一般位置平面对三个投影面 V、H、W 都倾斜,因此它的三个投影均为类似形,不能反映实形。显然,也不能直接反映该平面对各投影面的倾角。

2.3.3　平面内的点和线

1.点和线属于面的几何条件

(1)点属于平面内任一条(直)线,则点属于该平面,如图 2.33(a)所示。

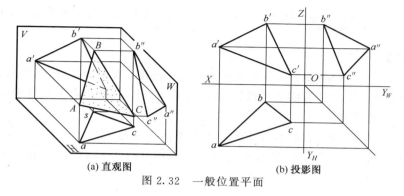

(a) 直观图　　　　　　　　　(b) 投影图

图 2.32　一般位置平面

（2）直线通过平面内的两个点，或通过平面内的一个点且与平面内任一直线平行，则直线属于平面，如图 2.33（b）所示。

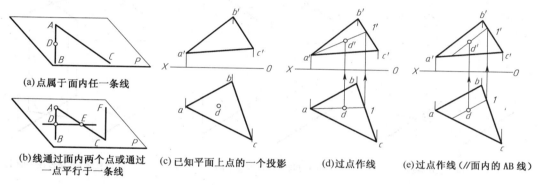

(a)点属于面内任一条线

(b)线通过面内两个点或通过　　(c)已知平面上点的一个投影　　(d)过点作线　　(e)过点作线（//面内的 AB 线）
一点平行于一条线

图 2.33　在平面上定点

2.在平面上定点、定线

如图 2.33（c）、（d）所示，根据△ABC 上点 D 的水平投影 d，确定其正面投影 d'。因为点 D 在△ABC 面上，故点 D 一定在该面内的一条线上，故连接 ad 并延长使之与 bc 相交于 1，并求作其正面投影 1'；然后连接 a'1'，在其上定出 d'。过 d 作△ABC 某条边的平行线也可确定 d'，如图 2.33（e）所示。

若面的投影有积聚性，则利用积聚性这一投影特性，作图过程可简化。如图 2.34（a）中，点 E 和 F 在正平面△ABC 上，并知点的正面投影 e' 和 f'，确定其水平投影 e 和 f。图 2.34（b）是曲面有积聚性时的情况。

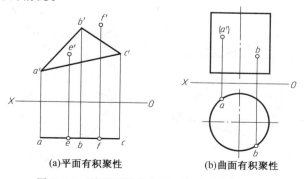

(a)平面有积聚性　　　　　　(b)曲面有积聚性

图 2.34　利用积聚性在平面上和曲面上定点

【例 2.8】 试判断点 I 和直线 EF 是否在 AB、CD 两平行线表示的平面上,如图 2.35(a)所示。

【作图步骤】

(1) 如图 2.35(b)所示,判断 I 点是否在平面上。连接 $a'1'$ 与 $c'd'$ 交于 $2'$,作出 2。A II 是平面内的一条直线。作出 A II 的水平投影 $a2$,1 不在 $a2$ 上,判断出点 I 不是平面内直线 A II 上的点,即点 I 不在平面上。

(2)如图 2.35(c)所示,判断直线 EF 是否在平面上。过 c' 作 $c'k'$ 平行于 $e'f'$,CK 是平面内的一条直线。作出直线 CK 的水平投影 ck,ef 不平行于 ck,即可判断出 EF 不是平面上的直线。

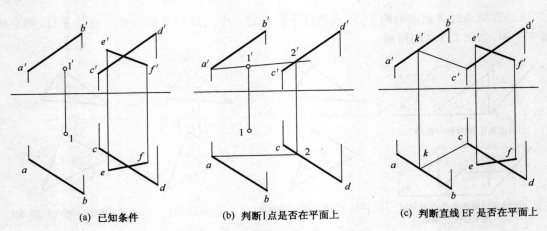

(a) 已知条件　　　　　(b) 判断 I 点是否在平面上　　　　　(c) 判断直线 EF 是否在平面上

图 2.35　判断点和直线是否在平面上

【例 2.9】 试完成图 2.36(a)中四边形 $ABCD$ 平面的正面投影。

【分析】 从图 2.36(a)可知,点 A、B 和 C 三点的两面投影都已知,因三点即可唯一确定平面。故问题转化为面上定点的问题。

【作图步骤】

(1)连接 ac 及 $a'c'$,并连接 bd 交 ac 于 1 点,$1'$ 在 $a'c'$ 上;

(2)在 $b'1'$ 的延长线上定出 d',连接相应边形成四边形,得四边形 $ABCD$ 的正面投影。

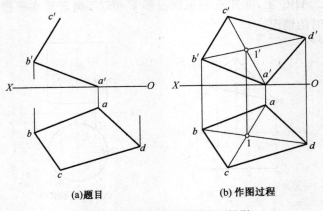

(a)题目　　　　　(b) 作图过程

图 2.36　求平面四边形的正投影

3. 平面上的特殊位置线

(1)平面上的投影面平行线

同一平面内可以作无数条投影面的平行线。但是，要求满足某一指定条件的投影面平行线，只能作出一条。如图 2.37 所示，AM 为△ABC 平面上过 A 点的一条正平线；CN 为△ABC 平面上过 C 点的一条水平线。平面上平行于投影面的直线，它的投影既有投影面平行线的投影特性，也符合平面上直线投影的特性。因此，作图时要注意必须同时满足以上两个条件。

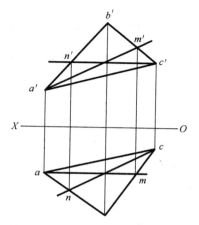

图 2.37 平面上的正平线和水平线

【例 2.10】 在给定平面内(由两平行直线 AB、CD 表示)作一条距 V 面 10 mm 的正平线 EF，如图 2.38 所示。

【分析】 由于正平线上的所有点到 V 面的距离都相等，所以先在平面内一条已知直线(如 AB)上找出一个距 V 面 10 mm 的点(如 E)，然后，再过点在平面上作线。

【作图步骤】 如图 2.38(b)所示，作一条与 OX 轴平行且距离为 10 mm 的直线，交 ab 于点 e，交 cd 于点 f，在 a'b' 上定出 e'，在 c'd' 上定出 f'，连接 e'f' 即作出平面内正平线 EF 的两面投影。

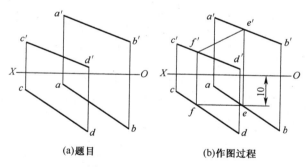

(a)题目　　　　(b)作图过程

图 2.38 平面内的正平线

【例 2.11】 已知△ABC 的两面投影，在△ABC 平面内取一点 K，使 K 点距 H 面为 10 mm，距 V 面为 15 mm，如图 2.39(a)所示。

【作图步骤】

①在△ABC 上作距 H 面为 10 的正平线 DE(de、d'e')；

②在△ABC 上作距 V 面为 15 的水平线 FG(fg、f'g')，与 DE 的交点 K(k、k')，即为所求的点。

(2)平面上的最大斜度线

平面上与水平面倾角最大的直线，称为平面对水平面的**最大斜度线**(也称**最大坡度线**)。

如图 2.40 所示，P 平面上的直线 AB 垂直于平面上水平线 MN，同时也垂直于平面 P 与 H 面的交线，直线 AC 为 P 平面上任意一斜线，由于直线 AB 为最短，故它对 H 面的倾角 α 为最大，所以直线 AB 称为 P 平面上的最大坡度线，α 即为 P 平面对 H 面的倾角。

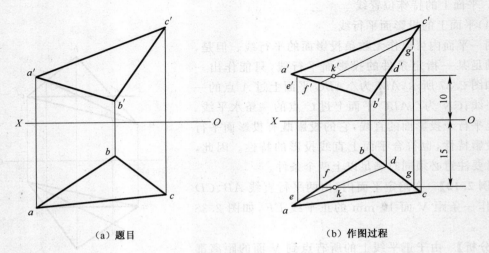

(a) 题目	(b) 作图过程

图 2.39 在平面内作点

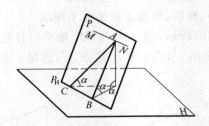

图 2.40 平面上的最大坡度线

平面上的最大坡度线,必垂直于该平面上的水平线。

【例 2.12】 已知 $\triangle ABC$ 的正面投影和水平投影,求其对 H 面的倾角 α,如图 2.41(a)所示。

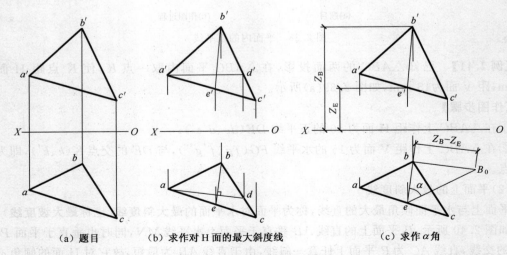

(a) 题目	(b) 求作对 H 面的最大斜度线	(c) 求作 α 角

图 2.41 求平面与 H 面的倾角 α

【作图步骤】

（1）在△ABC 平面上做水平线 $AD(ad,a'd')$，再过 b 点作 $be\perp ad$，由 be 求得 $b'e'$，则 BE 为△ABC 平面上的最大坡度线，如图 2.41(b)所示。

（2）用直角三角形法，以 be 为一直角边，b'、e' 的 z 坐标差为另一直角边，作直角三角形 beB_0，则$\angle beB_0$ 即为所求△ABC 平面对 H 面的倾角 α，如图 2.41(c)所示。

2.3.4 直线与平面的相对位置

直线与平面在空间的相对位置有：平行和相交。

1. 直线与平面平行

若一直线平行于平面内任一直线，则该直线与该平面平行。如图 2.42 所示。直线 AB 平行于平面 P 内的直线 EF，直线 CD 平行于平面 P 的一个边 GH，所以直线 AB 和 CD 都和平面 P 平行。

【例 2.13】 过 D 点作△ABC 平面的平行线，如图 2.43(a)所示。

【分析】

过 D 点平行于△ABC 平面的直线有无数条，可以是一般位置直线，也可以是特殊位置直线。

【作图步骤】

（1）一般位置直线：过 D 点作△ABC 的一条边 BC 的平行线 $DE(de、d'e')$，使 $de//bc,d'e'//b'c'$。DE 即平行于△ABC 平面。

（2）投影面的平行线：在△ABC 内作正平线 CG $(cg、c'g')$，过 D 点作正平线 $DF(df、d'f')$。DF 即平行于△ABC 平面。

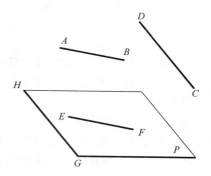

图 2.42 直线与平面平行的几何条件

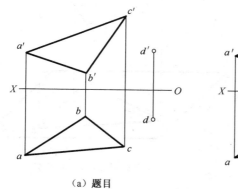

（a）题目

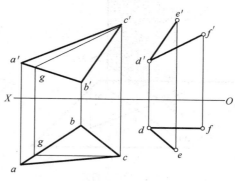

（b）作图过程

图 2.43 过点作平面的平行线

【例 2.14】 判断直线 EF 是否与平面 ABCD 平行，如图 2.44(a)所示。

【作图步骤】

在平面 ABCD 的正面投影中，作 $c'k'//e'f'$，由 $c'k'$ 作出 ck，若 $ck//ef$，则 EF 平行于平面 ABCD。从图上可以看出，ck 不平行于 ef，可知直线 EF 不平行于平面 ABCD。

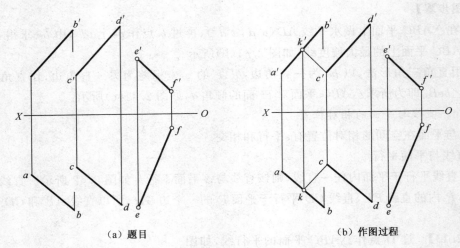

（a）题目　　　　　　　　　　　　（b）作图过程

图 2.44　判断直线是否与平面平行

2.直线与平面相交（直线或平面具有积聚性）

直线与平面不平行，则必定相交。直线与平面的交点是直线与平面唯一的公共点，既在直线上又在平面内。

求直线与平面交点的方法，是运用交点是直线与平面的公共点的概念。参与相交的直线或平面的投影具有积聚性，则可利用积聚性直接求出交点。

图 2.45 所示为直线与平面相交。

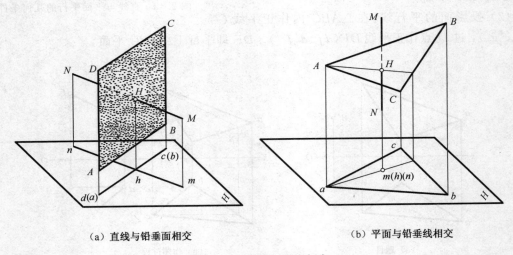

（a）直线与铅垂面相交　　　　　　　　（b）平面与铅垂线相交

图 2.45　直线与平面相交

【例 2.15】　求一般位置直线 AB 与铅垂面△CDE 的交点，如图 2.46(a)所示。

【分析】

设直线 AB 与△CDE 的交点为 K，K 点在△CDE 上，其水平投影必在平面有积聚性的投影 cde 上，K 点又在直线 AB 上，其水平投影必在 ab 上。因此，ab 与 cde 的交点 k 为交点 K 的水平投影。根据 k 在 a'b'上可求出 k'。

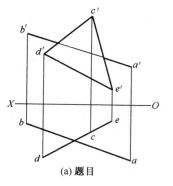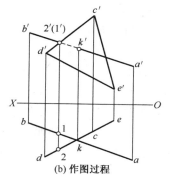

(a)题目   (b)作图过程

图 2.46　求作一般位置直线与铅垂面的交点

【作图步骤】

(1)求出交点 K 的水平投影 k。

(2)根据投影关系,在 $a'b'$ 定出 k'。k、k' 即为直线 AB 与 $\triangle CDE$ 的交点 K 的两面投影。

(3)判断可见性。为使图形清晰、层次分明,需要在投影图上,判断直线与平面同面投影重叠部分线段的可见性,并将直线被平面遮住的部分画成虚线。

　　判断可见性的一般方法是利用交叉直线的重影点。但是,当平面有积聚性时,可根据投影图上所表示出的直线与平面的位置关系直接判断。由图可知,交点 K 把直线 AB 分成两段,从水平投影图上可看出,ak 在 $\triangle CDE$ 平面之前,故其正面投影 $a'k'$ 可见,画成粗实线;kb 在 $\triangle CDE$ 平面之后,故在正面投影中其被平面遮住的一段应画成虚线。

【例 2.16】　求作直线 DE 与 $\triangle ABC$ 平面的交点,如图 2.47(a)所示。

【分析】

　　由于 DE 是正垂线,其正面投影积聚成一点,而交点 K 是直线 DE 上的点,K 点的正面投影 k' 与 d'、e' 重合,又因交点 K 还在 $\triangle ABC$ 上,故可利用平面上取点的方法,求出点 K 的水平投影 k。

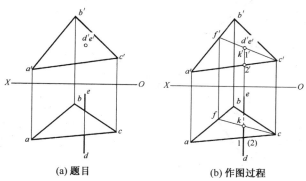

(a)题目   (b)作图过程

图 2.47　一般位置平面与特殊位置直线(正垂线)相交

【作图步骤】

(1)由于 k' 与 d'、e' 重合,先定出交点的正面投影 k'。

(2)过 k' 在 $\triangle c'd'e'$ 上取直线 $c'f'$,并作出其水平投影 cf,cf 与 de 的交点即为 k。

(3)判断可见性。平面无积聚性,需利用交点某一侧的重影点判断 DE 水平投影的可见性。找出交叉直线 DE 与 AC 对水平投影面的一对重影点 Ⅰ$(1,1')$、Ⅱ$(2,2')$,设 Ⅰ 在 DE

上，Ⅱ在 AC 上。在正面投影中可作出比较，即 $Z_{I}>Z_{Ⅱ}$，因此，DK 在平面之上可见，KE 在平面之下不可见，ke 与平面投影重合的一段画成虚线。

2.3.5　平面与平面的相对位置

两平面在空间的相对位置有：平行和相交。

1.两平面平行

某一平面内的两相交直线分别与另一平面内的两相交直线对应平行，则两平面平行，如图 2.48 所示。

若两平面有积聚性的同面投影相互平行，则两平面平行，反之亦然，如图 2.49 所示。

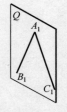

图 2.48　两平面平行的几何条件

【例 2.17】　过平面 ABC 外一点 D 做该平面的平行面，如图 2.50(a)所示。

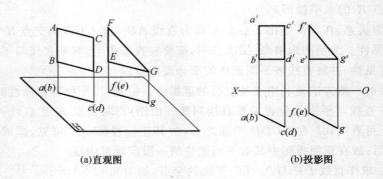

(a)直观图　　　　　(b)投影图

图 2.49　两平面平行

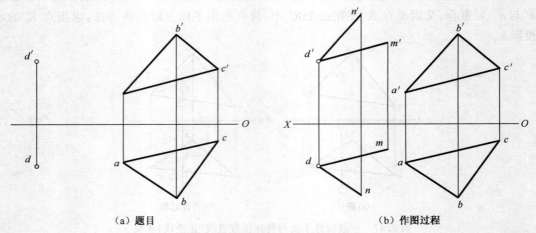

（a）题目　　　　　　　　（b）作图过程

图 2.50　过点做平面的平行面

【作图步骤】

过 D 点分别作 AB、AC 的平行线 DN、DM，即 $d'n' \parallel a'b'$、$d'm' \parallel a'c'$，$dn \parallel ab$、$dm \parallel ac$，则平面 DMN 平行于平面 ABC。

【例 2.18】　判断平面 ABC 与 DEF 是否平行，如图 2.51(a)所示。

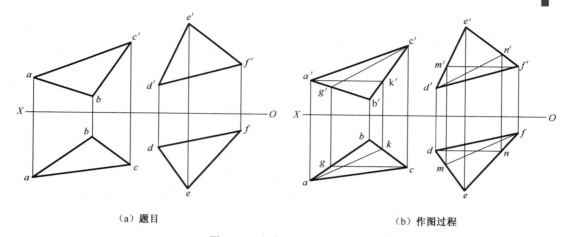

(a) 题目　　　　　　　　　　　　　　　（b) 作图过程

图 2.51　判断两平面是否平行

【分析】

如果两平面内有一对相交直线相互平行,则可判断两平面相互平行,反之则不平行。

【作图步骤】

在平面 ABC 上做水平线 $AK(ak,a'k')$ 和正平线 $CG(cg,c'g')$,在平面 DEF 上做水平线 $FM(fm,f'm')$ 和正平线 $DN(dn,d'n')$。从投影上可以看出 $ak /\!/ fm$、$c'g' /\!/ d'n'$,即 $AK /\!/ FN$,$CG /\!/ DN$。由此可知,平面 ABC 平行于平面 DEF。

2.两平面相交(其中一平面具有积聚性)

两平面不平行就一定相交。两平面相交于一条直线,此直线是两平面的共有线,所以两平面的交线可由其上的两个共有点确定,也可由其上的一个共有点及交线的方向确定,如图 2.52 所示。

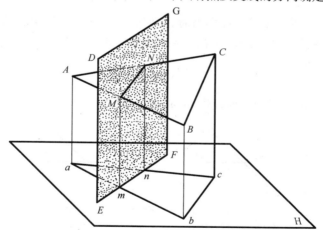

图 2.52　平面与平面相交

【例 2.19】　求作两相交平面△ABC 和四边形 DEFG 的交线,如图 2.53(a)所示。

【分析】

当相交两平面都用平面图形表示,且同面投影有互相重叠的部分时,可用求线面交点的方法求出交线上两个共有点的投影。如图 2.53 所示,平面 DEFG 为铅垂面,其水平投影有积聚性,故利用积聚性可直接求得 DEFG 平面与△ABC 的两条边 AC 与 BC 的交点 KL。

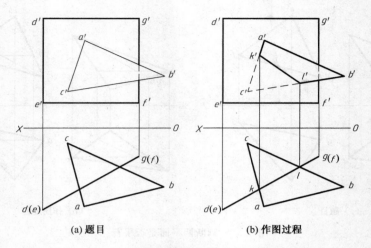

(a) 题目　　　　　(b) 作图过程

图 2.53　求铅垂面与一般位置面的交线

【作图步骤】

(1)根据积聚性,在水平投影上定出交点 K 及 L 的水平投影 k、l。

(2)求作 k、l 的正面投影,k' 在 $a'c'$ 上,l' 在 $b'c'$ 上。

(3)连接 $k'l'$ 和 kl 即为交线的两投影。

(4)判断可见性。由于铅垂面 $DEFG$ 的水平投影有积聚性,因此根据正面投影可直接判断出,△ABC 平面的 $KABL$ 部分在 $DEFG$ 平面之前,故在正面投影上,$k'a'b'l'$ 可见,画成粗实线。

【例 2.20】　求两相交平面△ABC 和四边形 $DEFG$ 的交线,如图 2.54(a)所示。

【分析】

当两相交平面同时垂直于某一投影面时,它们的交线必为该投影面的垂直线。如图 2.54 所示△ABC 平面是正垂面,四边形 $DEFG$ 平面是水平面,它们的正面投影都有积聚性,所以两平面的交线必为正垂线。

【作图步骤】

(1)根据积聚性定出交线的正面投影 $m'n'$。

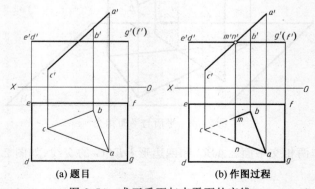

(a) 题目　　　　　(b) 作图过程

图 2.54　求正垂面与水平面的交线

(2)由 $m'n'$ 可确定交线的水平投影 mn。

(3)可见性的判断与例 2.19 类似。

任务三　利用换面法解决空间问题

通过一定规律改变空间几何元素对投影面的相对位置,从而达到简化解决空间度量问题和定位问题的方法称为投影变换法。

常用的投影变换法有换面法、旋转法和换向法三种。本任务就是要通过换面法解决度量问题和定位问题。

3.1　换面法的基本思想

换面法是指空间几何元素保持不动,通过设立新的投影面而建立新的投影体系,使空间几何元素在新的投影体系中处在有利于解题的位置的方法。在图2.55(a)中,直线 AB 为一般位置线,在两投影面体系中其投影均不反映实长。若保留一个投影面(如 H 面),用垂直于保留投影面的新投影面(如 V_1 面)替换另一投影面(如 V 面),组成一个新的两投影面体系,使直线 AB 在新投影面体系中与新投影面平行,则 AB 在新投影面上的投影反映实长,其与新投影轴的夹角是 AB 与 H 面的倾角 α。

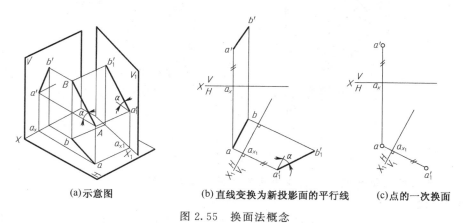

(a)示意图　　　　(b)直线变换为新投影面的平行线　　　(c)点的一次换面

图 2.55　换面法概念

3.2　建立新投影体系的原则

(1)新投影体系必须设立在使空间几何元素处在有利于解题的位置。

(2)新投影面必须垂直于原有投影体系中的一个投影面,使新投影面和与它垂直的那个原投影面组成一个新投影体系,从而能够继续依据正投影规律进行投影作图。

3.3　点的换面

如图2.55(c),点 A 在 V/H 体系中的投影 a' 和 a。若保留 H 面,并选取一新投影面 V_1 来替换 V 构成新投影体系 H/V_1。那么 X 为旧投影轴,X_1 为新投影轴。将点 A 向 V_1 面投射得新投影 a_1',则称 a' 为旧投影、a 为保留投影。在新投影体系 H/V_1 中,$a_1 a_{x1}$ 是点 A 到 H 面的距离,而在旧投影体系 V/H 中,$a'a_x$ 也是点 A 到 H 面的距离,所以 $a_1'a_{x1} = Aa = a'a_x$。V_1 面绕 X_1 轴旋转到与 H 面重合时,根据正投影原理知,在新投影体系 H/V_1 中,a_1' 和 a 的连线垂直于新投影轴 X_1,由此可得点的投影变换规律:

（1）点的新投影与保留投影的连线垂直于新投影轴。

（2）点的新投影到新投影轴的距离等于被替换的旧投影到旧投影轴的距离。

根据上述投影变换规律，求作点 A 新投影的作图步骤如下：

（1）确定新投影面，即在适当的位置作新投影轴 X_1。

（2）过保留投影 a 向新投影轴 X_1 作垂线，交 X_1 轴于 ax_1。

（3）量取 $a_1'ax_1 = a'ax$，即得到点 A 的新投影 a_1'。

用新投影面 H_1 代替旧投影面 H 时，求作 H_1 面上点的新投影的作图过程与上述类似。

多次换面时，也是连续地按上述步骤作图。只是第二次换面时，第一次换面时的保留投影为第二次换面的旧投影，第一次换面所求新投影为第二次换面的保留投影。第一次换面后的新投影、新投影轴、新投影的符号均加注脚标"1"，第二次换面后的新投影、新投影轴、新投影的符号均加注脚标"2"，如图 2.56 所示。

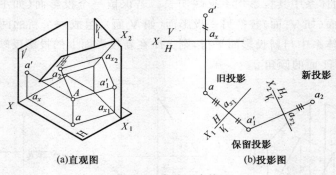

(a)直观图　　　　(b)投影图

图 2.56　点的二次换面

3.4　直线的换面

3.4.1　一次换面把一般位置直线变换为新投影面的平行线

【空间分析】

在图 2.57 中，直线 AB 为一般位置直线，它在 H、V 面中的投影均不反映实长。为使 AB 成为新投影面 H_1 的平行线，用新投影面 H_1 替换 H 面，使 H_1 面与直线 AB 平行且垂直于 V 面。根据投影面平行线的投影特性，新投影轴 X_1 应与 $a'b'$ 平行。而且新投影 a_1b_1 与新投影轴 X_1 的夹角反映了直线 AB 与正投影面的夹角 β。因为换面时 V 面是不变的保留投影面，因此直线 AB 与保留投影面 V 的倾角不变。

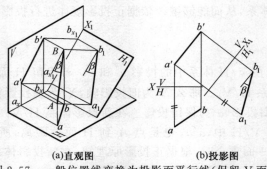

(a)直观图　　　　(b)投影图

图 2.57　一般位置线变换为投影面平行线（保留 V 面）

【作图步骤】

(1)建立新投影轴 X_1，使 $X_1 /\!/ a'b'$（与远近无关）。

(2)根据点的投影变换规律作出 AB 端点 A 的新投影 a_1 和端点 B 的新投影 b_1。

(3)连接 $a_1 b_1$ 即为直线 AB 的新投影。

若要求 α 角，则需要保留 H 面而新设立 V_1 面，作图方法与上述类似。

3.4.2　一次换面把投影面平行线变换为新投影面的垂直线

【空间分析】

在图 2.58 中，由于 AB 为正平线，因此选择新投影面 H_1 垂直于直线 AB，则 H_1 必垂直于 V 面，AB 在 V/H_1 新的两投影面体系中成为 H_1 面的垂直线。按照投影面垂直线的投影特性，新投影轴 X_1 垂直于保留投影 $a'b'$。

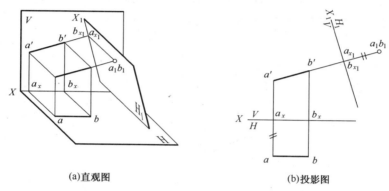

(a)直观图　　　　　　　　　　(b)投影图

图 2.58　正平线变换为投影面垂直线（保留 V 面）

【作图步骤】

(1)建立新投影轴 X_1，使 $X_1 \perp a'b'$。

(2)根据点的投影变换规律，求出 AB 在 H_1 面的新投影 $a_1 b_1$，a_1、b_1 必积聚为一点。

同理，经一次换面可将水平线变换成新投影面 V_1 的垂直线。此时，须用 V_1 面替换 V 面，保留 H 面。

显然，若将一般位置直线变换为新投影面的垂直线，必须连续变换两次投影面。如图 2.59(a)，先以新投影面 V_1 代替 V，使 V_1 平行于 AB 且垂直于 H，则 AB 在 V_1/H 体系中为

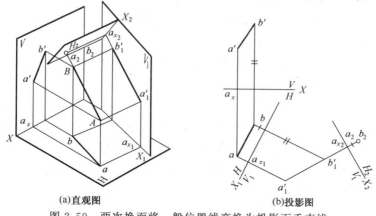

(a)直观图　　　　　　　　　　(b)投影图

图 2.59　两次换面将一般位置线变换为投影面垂直线

V_1 面的平行线;再以新投影面 H_2 代替 H,使 H_2 同时垂直于 AB 及 V_1,则 AB 在 V_1/H_2 体系中变换成 H_2 面的垂直线。作图过程参见图 2.59(b)。

当然亦可先以 H_1 面替换 H 面,再以 V_2 面替换 V 面,使一般位置直线 AB 变换为 V_2/H_1 投影体系中 V_2 面的垂直线,其作图方法与上述类似。

3.5 平面的换面

3.5.1 一次换面把投影面垂直面变换成新投影面的平行面

【空间分析】

如图 2.60(a)所示,由于 $\triangle ABC$ 是铅垂面,为使它变换成新投影面的平行面,只需一次换面,即以新投影面 V_1 代替 V,使 V_1 平行于 $\triangle ABC$,它必然垂直于 H 面,则 $\triangle ABC$ 在 H_1/V 体系中就成为新投影面 V_1 的平行面。作图过程如图 2.60(b)所示。

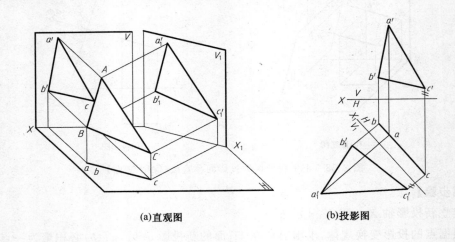

(a)直观图　　　　　　　(b)投影图

图 2.60　铅垂面变换为投影面平行面(保留 H 面)

【作图步骤】

(1)作 $X_1 \parallel abc$,即使新投影轴平行于保留投影 abc。

(2)按点的投影变换规律,作出 A、B、C 三点的新投影 $a_1'b_1'c_1'$。显然,新投影 $\triangle a_1'b_1'c_1'$ 反映 $\triangle ABC$ 的实形。

同理,若平面为正垂面,则以新投影面 H_1 代替 H,使 H_1 平行正垂面,它必然垂直于 V 面。那么,正垂面在 V/H_1 体系中就变换为 H_1 面的平行面。

3.5.2 两次换面把一般位置平面变换成投影面的平行面

要想将一般位置面换成新投影面的平行面,必须两次换面。因为一般位置面倾斜于旧投影体中的各投影面,所以不可能选择一个新投影面既平行于已知的一般位置平面又垂直于某个旧投影面。因此,先经过一次换面将一般位置平面换成新投影面的垂直面,再经第二次换面将垂直面换成新投影面的平行面。图 2.61 表示了将一般位置面 $\triangle ABC$ 变换成新投影面平行面的作图过程。

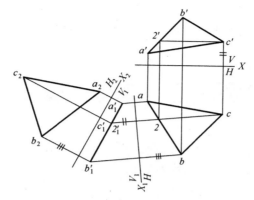

图 2.61 两次换面将一般位置面变换为投影面平行面

复习思考题

1. 工程上常用的投影图有哪些？哪些属于中心投影？哪些属于平行投影？
2. 为什么要建立三投影面体系来表达工程形体？
3. 重影点是如何产生的？怎样判断重影点的可见性？
4. 投影面平行线和投影面垂直线各体现了平行投影的哪些特性？
5. 试述直角投影定理应用的前提条件。
6. 投影面平行面和投影面垂直面各体现了平行投影的哪些特性？
7. 什么是平面内的最大斜度线？最大坡度线又指什么？
8. 试述直线与平面平行、直线与平面垂直、两平面平行、两平面垂直的几何条件。
9. 投影变换的目的是什么？设立新投影面的基本原则是什么？

项目三　体　的　投　影

在工程应用中,经常会遇到各种形状的形体,它们的形状虽然复杂多样,但是加以分析,都是可以看做是各种基本体的组合。**基本体**是最简单的具有一定规则的几何体。由基本体组成的形体称为**组合体**。本项目就是要介绍绘制和阅读组合体投影图。

任务一　基本体的投影

基本体按其表面性质的不同可分为两类:平面体和曲面体。

如图 3.1 所示的圆端形桥墩是由平面体和曲面体共同组成的工程建筑物。

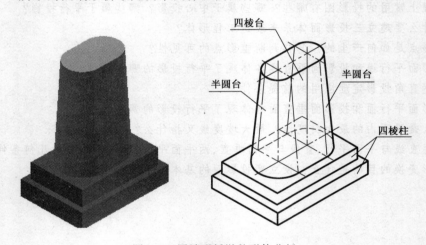

图 3.1　圆端形桥墩的形体分析

1.1　平　面　体

平面体是由多个平面围成的立体。平面体的投影实质是平面体各个表面的投影。工程上常见的平面体有棱柱、棱锥和棱台,它们均以棱数命名。

1.1.1　棱　柱　体

1. 几何特征

图 3.2(a)是四棱柱的立体图,从图中可以看出,棱柱体有以下几何特点:

(1)上底面和下底面平行且全等;

(2)各侧面(棱面)均为矩形;

(3)各棱线(相邻棱面交线)平行且和底面垂直。

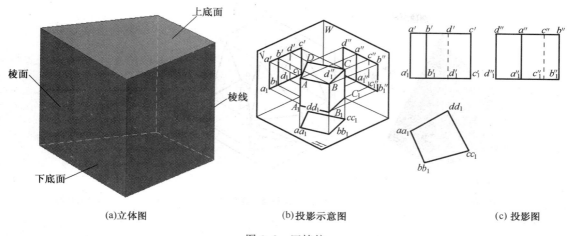

(a)立体图   (b)投影示意图   (c) 投影图

图 3.2 四棱柱

2. 投影分析

棱柱体的投影特征(按习惯位置摆放):

(1)一个投影图为反映底面实形的多边形;

(2)另外两个投影图是由实线和虚线组成的矩形。

图 3.2(b)、(c)分别为四棱柱的投影示意图和三面投影图。绘图时,先画出平行于 H 面的底面的投影,再画出棱线和棱面的投影并判断可见性。如图 3.2(c),在正投影图中,棱线 DD_1 被前面的棱面遮住,不可见,故画成虚线。在侧投影图中,棱线 CC_1 被左面的棱面遮住画成虚线。

图 3.3 所示为棱柱体的工程实例。

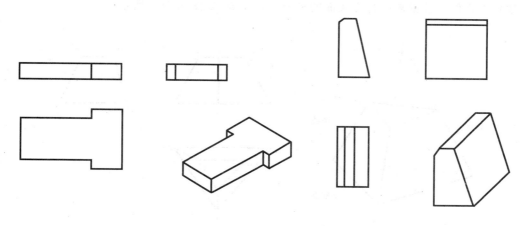

(a) T 型桥台基础(八棱柱)   (b) 拱涵边墙(五棱柱)

图 3.3 棱柱体工程形体实例

1.1.2 棱 锥 体

1. 几何特征

棱锥的底面为多边形,各侧面为若干具有公共顶点的三角形,如图 3.4(a)所示。

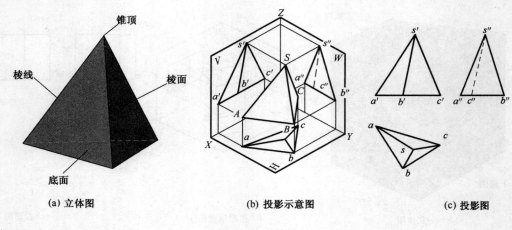

(a) 立体图   (b) 投影示意图   (c) 投影图

图 3.4   三棱锥

2. 投影分析

棱锥的投影特征(按习惯位置摆放):

(1)一个投影图为反映底面实形的多边形;

(2)另外两个投影图为三角形的组合图形。

图 3.4(b)、(c)分别为三棱锥的直观图和三面投影图。绘图时,先画底面(平行于 H 面的 △ABC)的投影(其水平投影反映实形,正面及侧面投影都积聚为直线段),确定锥顶 S 的三投影,然后将锥顶 S 和底面各顶点 A、B、C 的同面投影相连,并判断可见性,即得三棱锥的投影图。

1.1.3   棱   台

棱台可看作是棱锥被平行于底面的平面截切而成,如图 3.5(a)所示。

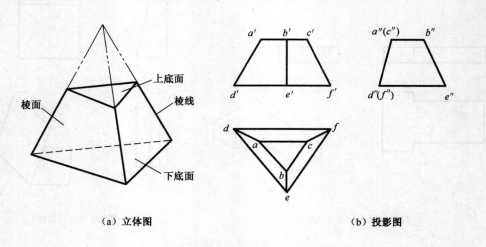

(a) 立体图   (b) 投影图

图 3.5   三棱台

1. 几何特征

(1)上下底面为相互平行且相似的多边形;

(2)棱面为梯形；

(3)各棱线相交于一点。

2. 投影分析

如图 3.5(b)所示：

(1)一个投影图是反映底面实形的多边形；

(2)另外两个投影图为梯形的组合图形。

图 3.6 是棱台在工程上的应用实例。

1.2 曲 面 体

曲面体是由曲面或者曲面和平面围成的基本体。工程上常用到的曲面是**回转面**。回转面是由一条**母线**(直线或曲线)绕一条直线轴回转形成的曲面,母线运行到某一位置形成**素线**,母线上任意一点的运行轨迹称为**纬圆**,其所在平面垂直于轴线。回转面与两底面围成回转体,又称曲面体。曲面上某些素线的投影,构成了曲面投影的轮廓,如图 3.7 所示。

常见的曲面体有圆柱、圆锥、圆台和球。

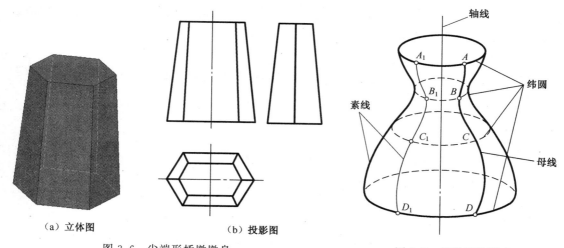

（a）立体图　　　　　　（b）投影图

图 3.6 尖端形桥墩墩身　　　　　　图 3.7 回转面的形成

1.2.1 圆　　柱

一直母线绕与之平行的轴线旋转形成圆柱面,圆柱面与上下两个底面围成的立体称为圆柱体(圆柱),如图 3.8(a)所示。

1. 几何特征

(1)圆柱面上的素线都与轴线平行；

(2)两底面平行且与轴线垂直。

2. 投影分析

以圆柱轴线为铅垂线为例,如图 3.8(b)、(c)所示。

(1)水平投影为一圆,是所有素线的积聚投影,也是上下两底面的实形投影。

(2)正面投影和侧面投影均为矩形。其中最左素线 AA_1 和最右素线 BB_1 是向正面进行投影的左右轮廓素线；最前素线 CC_1 和最后素线 DD_1 是向侧面进行投影的前后轮廓素线。

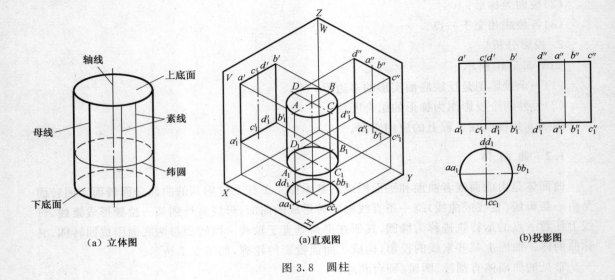

（a）立体图   （a）直观图   （b）投影图

图 3.8 圆柱

    绘制圆柱的三投影时，首先要用细点划线画出圆柱轴线的投影和确定圆心位置的中心线投影，然后再画底面和轮廓素线的投影。

1.2.2 圆 锥

    一直母线绕与之相交的轴线旋转形成圆锥面，圆锥面与底面围成的立体称为圆锥体（圆锥），如图 3.9（a）所示。

1. 几何特征

    （1）圆锥轴线和底面垂直；

    （2）所有素线都过锥顶，并和轴线夹角相等。

2. 投影分析

    以圆锥轴线为铅垂线为例，如图 3.9（b）、（c）所示。

    （1）水平投影为底面圆的实形投影；

    （2）另外两个投影为全等的等腰三角形，是各轮廓素线的投影。

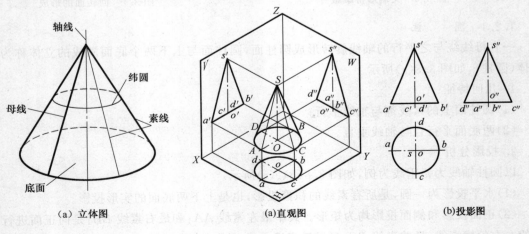

（a）立体图   （a）直观图   （b）投影图

图 3.9 圆锥

圆锥投影的画法同圆柱。

1.2.3　圆　　台

圆台可看做是圆锥被垂直于轴线的平面截切而成。

其几何特征、投影特征与圆锥相似。

图 3.10 是圆台在工程上的应用实例。

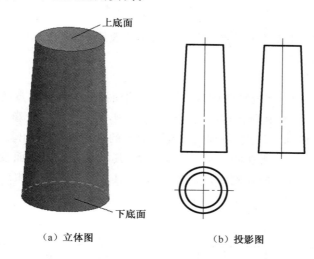

（a）立体图　　　　　　　（b）投影图

图 3.10　圆形桥墩墩身

1.2.4　圆　　球

一圆母线绕其一条直径旋转而成的立体，如图 3.11(a)所示。

1. 几何特征

(1)所有素线都是大小相同的圆；

(2)纬圆垂直于轴线。

2. 投影分析

三面投影为大小相同的最大纬圆之投影，如图 3.11(b)、(c)所示。

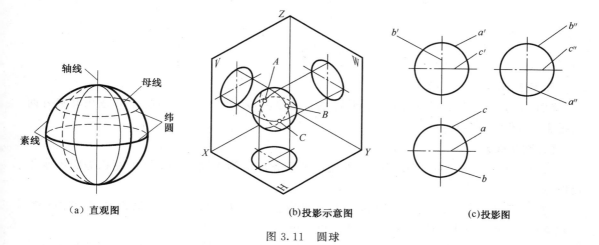

（a）直观图　　　　　　(b)投影示意图　　　　　　(c)投影图

图 3.11　圆球

任务二　体的截交与相贯

2.1　立体表面上的点和线

2.1.1　平面体表面上的点

1. 棱柱体表面上的点

【例3.1】　已知五棱柱表面上的点 A、B、C 的正面投影 a'、b'、c'，求这三个点的另外两面投影，如图3.12(a)所示。

【作题步骤】

(1)点 A 是棱线上的点，其投影应该落在棱线的同面投影上。已知点的正面投影 a'，利用点在直线上的投影规律，可在其所在棱线的其他两面投影上做出点的投影 a 和 a''。

(2)点 B、C 是棱柱侧面上的点，可利用点在平面上的投影规律，求出其另外两面投影。

根据已知条件，可知点 C 所在侧面是一个正平面，其水平投影和侧面投影都有积聚性，所以 c 和 c'' 可以同时求出；点 B 所在侧面是一个铅垂面，其水平投影有积聚性，可利用这一性质先求出 b，然后再求出 b''。

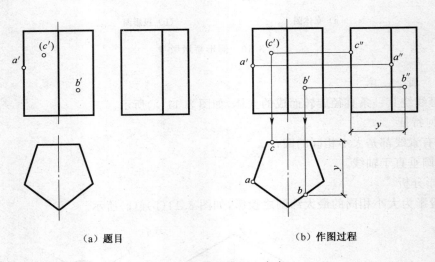

(a)题目　　　　　　　　　　(b)作图过程

图3.12　棱柱表面上定点

2. 棱锥体表面上的点

【例3.2】　已知三棱锥表面上的点 M 的正面投影 m'，点 N 的水平投影 n，求出其另外两面投影，如图3.13(a)所示。

【作图步骤】

(1)点 M 在三棱锥的棱线 SB 上，可先依高平齐定出侧面投影 m''，再由宽相等定出水平投影 m。

(2)点 N 在 SAC 平面上，已知 N 点的水平投影 n，由于平面 SAC 是侧垂面，其侧面投影有积聚性，则可利用此性质求出点 n''，然后再求出点 n'。

如果点在一般位置平面内，则需在面内过已知点作辅助直线，再在辅助直线的投影上定出

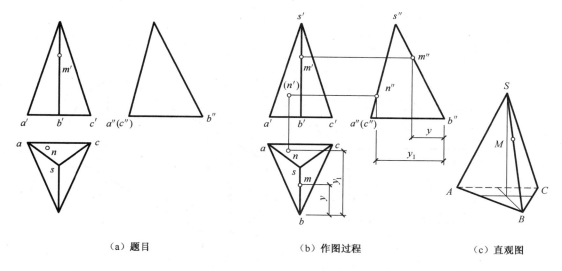

(a) 题目　　　　　　　　(b) 作图过程　　　　　　(c) 直观图

图 3.13　棱锥表面上定点

该点的投影。

【例 3.3】　已知三棱锥表面上的点 K 的正面投影 k'，求出其另外两面投影，如图 3.14(a) 所示。

【作图步骤】

如图 3.14(b)，(c)所示。

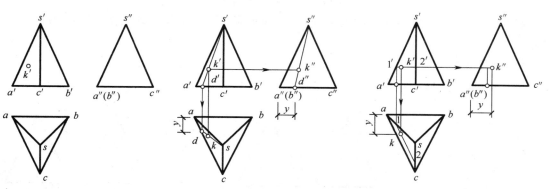

(a) 已知三棱锥侧面 K 点的正面投影 k'。
(b) 解一：连接 $s'k'$ 并延长交 $a'c'$ 于 d'。得辅助线的正面投影 $s'd'$。并作出其另外两投影 sd 和 $s''d''$。在其上作出点 K 的投影 k 和 k''。
(c) 解二：过 k 做辅助直线 $1'2'$ 平行于 $a'c'$。做出辅助直线的水平投影 12，在其上定出 k，最后做出 k''。

图 3.14　辅助线定点

2.1.2　曲面体表面上的点

1. 圆柱体表面上的点

【例 3.4】　已知圆柱体表面上 A、B 两点的正面投影 a'、b' 和 C 点的水平投影 (c)，求其他两面投影，如图 3.15 所示。

【作图步骤】

由于圆柱体的侧面投影有积聚性，故可利用这一特性直接求得 a''、b''，然后根据点的投影

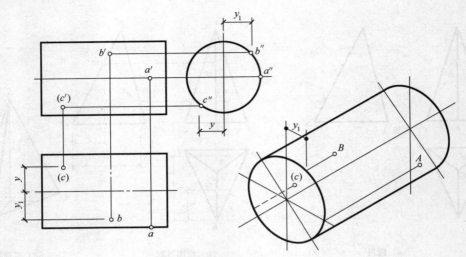

图 3.15　圆柱体表面上定点

规律求得 a、b。当然 A 点本身也在最前轮廓素线上，由此也可以作出 a''、a。严格的讲，A、B 两点的侧面投影均为不可见，但在此注明意义不大。

C 点的水平投影不可见，说明 C 点在圆柱的下表面上，由宽度 y 即可求做 c''，然后可求作 c'。

2. 圆锥体表面上的点

圆锥表面上定点，可采用素线法和纬圆法来实现。

以曲面上的素线作为辅助线定点的方法称为**素线法**。

以曲面上的纬圆作为辅助线定点的方法称为**纬圆法**。

【例 3.5】　已知圆锥表面上的点 P、K 的正面投影 p'、k'，求作另外两面投影，如图 3.16（a）所示。

【作图步骤】

如图 3.16（b）、（c）所示。

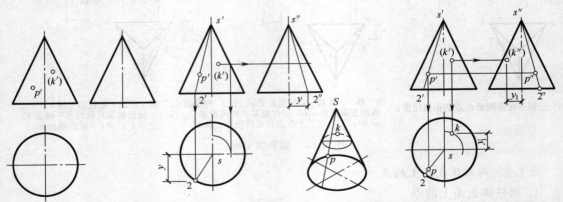

（a）题目　（b）连接 $s'p'$ 得辅助素线的正面投影 $s'2'$，求辅助素线的另两投影 $s2$、$s''2''$；过 k 点作纬圆正面与侧面投影，从正面投影量出半径作出纬圆水平投影　（c）根据 p 点在SI 上，在 $s2$ 和 $s''2''$ 上定出 p、p''；k 点在纬圆上，定出 k、k''

图 3.16　圆锥体表面上定点

3. 球体表面上的点

球体表面上定点，只能采用纬圆法。

【例 3.6】 已知球体表面上的点 A、点 B 的正面投影 a'，点 B 和点 C 的水平投影 b、c，求出它们的另外两面投影，如图 3.17(a)所示。

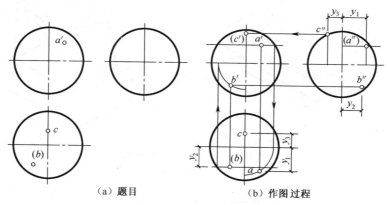

(a) 题目　　　　　　(b) 作图过程

图 3.17　球体表面定点

【作图步骤】

如图 3.17(b)所示。

(1)根据点 A 的正面投影可知它在球体的前半个球面上。过点 A 在球面上做一个水平的纬圆，纬圆的正面投影应该是一条过 a' 的水平直线。在此线上量取纬圆半径，作出纬圆的水平投影，在其上作出点 A 的水平投影 a，最后求出其侧面投影 a''。

(2)根据点 B 的水平投影 b 可知它在球体的下半个球面上。过点 B 在球面上做一个与 V 面平行的纬圆，作出纬圆的正面投影，在其上作出点 B 的正面投影 b'，最后求出其侧面投影 b''。

(3)可以看出点 C 在从左向右投影的最大轮廓素线上，其侧面投影应该落在轮廓投影上，所以 c'' 可以直接求出，最后求出其正面投影 c'。

2.2　截　交　线

图 3.18(a) 表示物体被平面截切的情况。截断立体的平面称为**截平面**，截平面与立体表面的交线称为**截交线**，截交线所围成的平面图形称为截面(或断面)。图 3.18(b) 表示了两物体相交的情况。

2.2.1　平面体的截交线

平面体的截交线是封闭的平面多边形。从图 3.19 可看出，多边形的顶点是截平面与平面体棱线的交点，多边形的边是截平面与平面体表面的交线。因此，求出截平面与平面体棱线的交点或截平面与平面体表面的交线，然后用实线(可见)或虚线(不可见)将这些点和线依次连成多边形，即可得到平面体的截交线。

【例 3.7】 求作三棱锥被正垂面 P 截切后的两面投影，如图 3.20 所示。

【分析】

根据已知投影分析知，截平面与三棱锥的底面不相交，仅与三个棱面相交，因此截交线是一个三角形，其顶点是截平面与三棱锥棱线的交点。

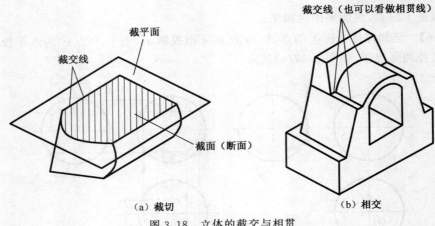

（a）截切　　　　　　　　　　（b）相交

图 3.18　立体的截交与相贯

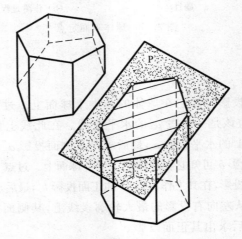

图 3.19　六棱柱被平面截切

由于截平面是一正垂面，它的正面投影有积聚性，所以截平面与三棱锥三条棱线的交点可直接利用积聚性求出。

【作图步骤】

如图 3.20 所示。

【例 3.8】　求作两平面截切五棱柱后的投影图，如图 3.22(a)所示。

【分析】

如图 3.21 利用积聚性可先求出截交线的水平投影 1234 及 46751，然后通过正面投影、水平投影和点在棱线上的条件求出各点（截交线）的侧面投影。当然，ⅠⅣ线为 P、Q 两截切平面的交线，理应画出。

【作图步骤】

如图 3.22 所示。

2.2.2　曲面体的截交线

曲面体的截交线一般为封闭的平面曲线或平面曲线和直线围成的图形或者完全由直线段

构成的**平面多边形**,如图 3.23 所示。

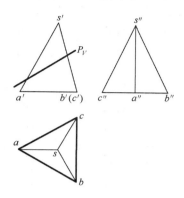

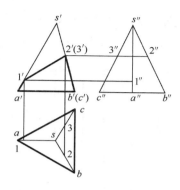

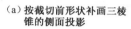

(a)按截切前形状补画三棱
锥的侧面投影

(b)求截平面与棱线的交点。通过正面投影,
可得到交点的水平投影和侧面投影。

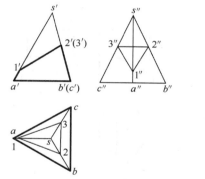

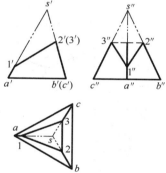

(c)连接交点的同画投影

(d)判断可见性并完成投影图

图 3.20 正垂面截切三棱锥

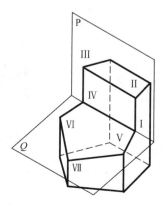

图 3.21 平面截切五棱柱

求解曲面体的截交线,直线段部分只要找到直线段两端的端点即可,而曲线段则要找到曲线段上的特殊点,如最前、最后点,最左、最右点,最高、最低点,截平面与轮廓线的交点,曲线转折点,曲线端点,曲线上曲率最大点,可见与不可见的分界点等。若有必要,还需在特殊点之间适当找一些中间点。当然,有些点是可以准确找到的,而有的点则是近似找到的。

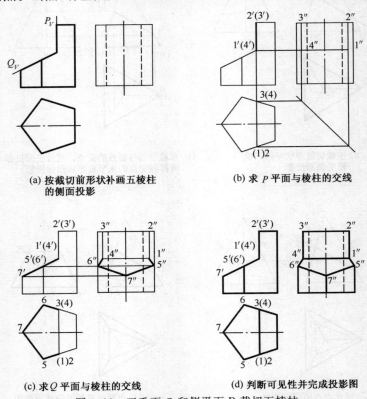

(a) 按截切前形状补画五棱柱的侧面投影

(b) 求 P 平面与棱柱的交线

(c) 求 Q 平面与棱柱的交线

(d) 判断可见性并完成投影图

图 3.22 正垂面 Q 和侧平面 P 截切五棱柱

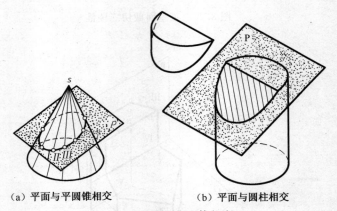

(a) 平面与平圆锥相交

(b) 平面与圆柱相交

图 3.23 平面与曲面体相交

1. 平面截切圆柱体

平面与圆柱面相交,根据截平面与圆柱轴线不同的相对位置,截交线有三种情况,见表 3.1。

表 3.1　平面截切圆柱面

截平面位置	与圆柱轴线垂直	与圆柱轴线倾斜	与圆柱轴线平行
截交线	圆	椭圆	两条与圆柱轴线平行的直线
直观图	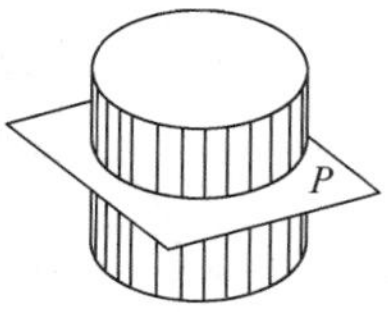	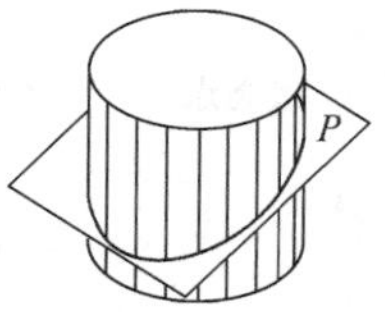	
投影图	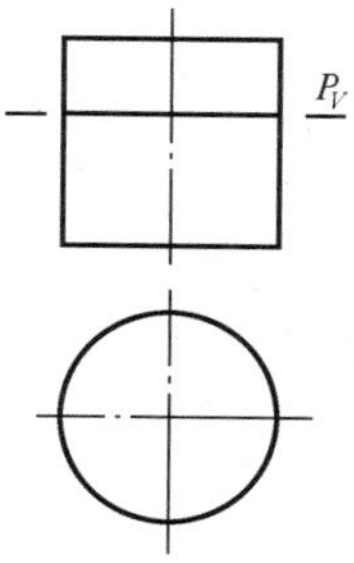	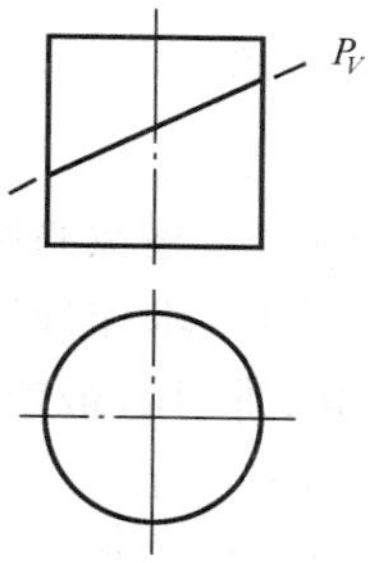	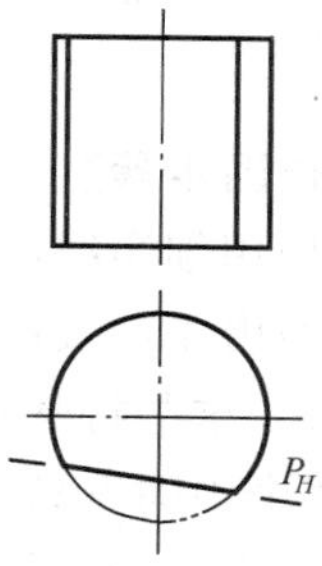

【例 3.9】　求作正垂面截切圆柱体后的投影图,如图 3.24 所示。

如图 3.24(a)、(b)所示,圆柱被正垂面截切,截交线为椭圆,椭圆的正面投影与截平面的正面投影重影,椭圆的水平投影与圆柱的水平投影重影,故所求的仅是椭圆的侧面投影。

椭圆的两投影已经有了,利用投影规律可求出其上各点的另外一投影,当然我们只求特殊点,必要时适当求几个中间点即可得到交线投影。

【作图步骤】

(1)确定截交线上的特殊位置点。即最低、最左点 A、最高、最右点 B、最前点 C 和最后点 D。这四个点的正面投影和水平投影是已知的,因此其侧面投影可直接求出。

(2)求中间点。任选Ⅰ、Ⅱ、Ⅲ、Ⅳ几个一般位置点做为中间点,根据它们的水平投影和正面投影求出其侧面投影。

(3)顺次将求出的各点侧面投影连成光滑的曲线。

(4)判断可见性并完成投影图。

【例 3.10】　求作 P、Q 两平面截切空心圆柱的投影(图 3.25)。

【分析】

Q 平面为侧平面,自然与圆柱轴线平行。因此,Q 平面与内外圆柱面的截交线为矩形。而 P 平面为正垂面且与圆柱轴线倾斜,故与内外圆柱面的截交线为不完整椭圆。同时 P、Q 平面也产生交线。

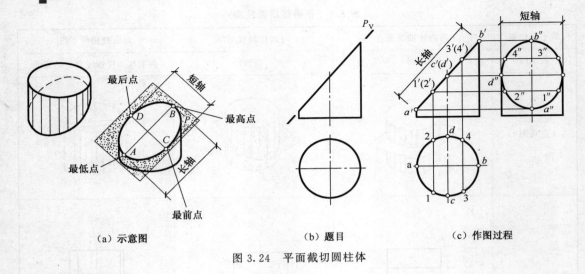

（a）示意图　　（b）题目　　（c）作图过程

图 3.24　平面截切圆柱体

【作图步骤】

（1）用细实线（作图辅助线）画出完整空心圆柱的侧面投影，如图 3.25（b）所示。

（2）由正面投影出发，利用积聚性，求作外圆柱面截交线各特殊点的水平投影，再求作其侧面投影。这些特殊点有端点Ⅰ、Ⅱ、Ⅲ、Ⅳ，最前点Ⅵ，最后点Ⅶ，最低点（最左点）Ⅴ。如有必要再找两个中间点Ⅷ、Ⅸ，如图 3.25（c）所示。

（3）先用细实线分别连接矩形截交线和不完整椭圆截交线，如图 3.25（d）所示。

（4）再由正面投影出发，按以上原理求出内圆柱面截交线各特殊点和中间点。特殊点有端点Ⅹ、Ⅺ，最前最后点Ⅻ、ⅩⅢ，最低点ⅩⅣ。与 Q 平面截交线简单，这里不再说明，如图 3.25（e）所示。

（5）用细实线连接内圆柱面各截交线，如图 3.25（e）所示。

（6）判断可见性，应该有的加深加粗，可见为实线，不可见为虚线，不应漏掉 P、Q 两面产生的交线，如图 3.25（f）所示。

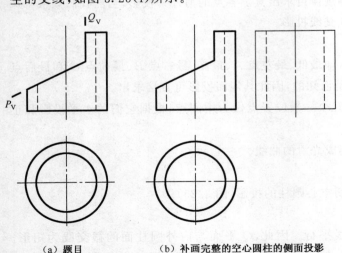
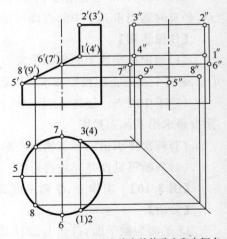

（a）题目　　（b）补画完整的空心圆柱的侧面投影　　（c）求作外圆柱面截交线上的特殊点和中间点

图　3.25

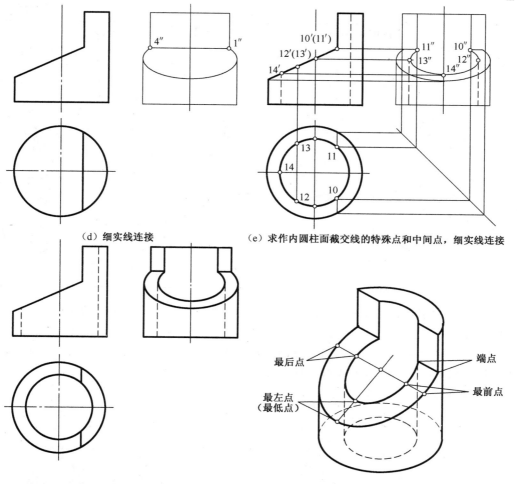

（d）细实线连接　　　　（e）求作内圆柱面截交线的特殊点和中间点，细实线连接

（f）判断可见性，补全和加深加粗应有的线完成投影图　　　（g）示意图

图 3.25　正垂面 P 和侧平面 Q 截切圆柱

2.平面截切圆锥体

平面与圆锥面相交时，截交线形状也受截平面与圆锥轴线相对位置的影响。根据不同的相对位置，截交线有五种情况，见表 3.2。

表 3.2　平面截切圆锥面

截平面位置	垂直于圆锥轴线 $\theta=90°$	倾斜于圆锥轴线平行于一条素线 $\theta=\phi$	倾斜于圆锥轴线 $\theta \leqslant \phi$	倾斜于圆锥轴线平行于两条素线 $\theta \leqslant \phi$	过锥顶
截交线	圆	抛物线	椭圆	双曲线	一对相交直线
直观图					

续上表

截平面位置	垂直于圆锥轴线 $\theta=90°$	倾斜于圆锥轴线 平行于一条素线 $\theta=\phi$	倾斜于圆锥轴线 $\theta \leqslant \phi$	倾斜于圆锥轴线 平行于两条素线 $\theta \leqslant \phi$	过锥顶
投影图					

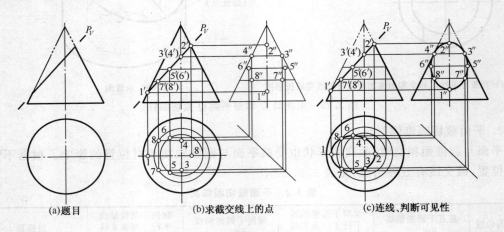

【例 3.11】　求作圆锥被截切后的水平投影和侧面投影，如图 3.26(a)所示。

【分析】

根据截平面 P 与圆锥的相对位置可判断截交线为椭圆。由于截平面 P 是正垂面，截交线的正面投影积聚在 P_V 上，其水平投影和侧面投影均为椭圆。

【作图步骤】

(a)题目　　　　(b)求截交线上的点　　　　(c)连线、判断可见性

图 3.26　正垂面与圆锥的截交线

(1)补画圆锥的侧面投影如图 3.26(b)所示。

(2)求特殊点，如图 3.26(b)所示，长轴的端点 Ⅰ、Ⅱ 和则面投影轮廓素线上的点Ⅲ、Ⅳ，可直接由正面投影确定其水平投影和侧面投影。根据椭圆长、短轴互相垂直平分的几何关系，可知短轴的正面投影 $5'(6')$ 一定位于长轴正面投影 $1'2'$ 的中点处，其水平投影和侧面投影可用纬圆法求出。

(3)求一般点。在已求出的特殊点之间空隙较大的位置上定出 $7'$、$(8')$ 两点，同样用纬圆

法求出水平投影 7、8 和侧面投影 7″、8″。

（4）光滑连接各点，如图 3.26(c)所示。

【例 3.12】 求圆锥被截切后的水平投影和侧面投影，如图 3.27 所示。

【分析】

P 平面与圆锥的截交线为不完整椭圆，与底面的截交线为一直线。

【作图步骤】

（1）用细实线画出完整圆锥体的侧面投影。

（2）确定椭圆投影的特殊点。最低点（也是端点和最左点）Ⅰ、Ⅱ，最高点Ⅲ。Ⅳ、Ⅴ为最前、最后点。以上五个点对水平和侧面投影来讲都是特殊点，但对侧面投影来讲，Ⅵ、Ⅶ两点也是特殊点，是轮廓素线上的点，当然这两个点也可以作为水平投影的中间点。

（3）Ⅰ、Ⅱ、Ⅲ、Ⅵ、Ⅶ点的水平投影和侧面投影很容易求出，Ⅳ、Ⅴ两点的投影可由纬圆法求出。若有必要，可在适当位置找几个中间点。

（4）判断可见性、连线。椭圆的两投影均可见，以粗实线光滑连接各点；Ⅵ、Ⅶ两点以下，最前、最后轮廓线未被截切，故连线；底面侧面投影存在，水平投影应连接Ⅰ、Ⅱ两点，左侧部分不存在。

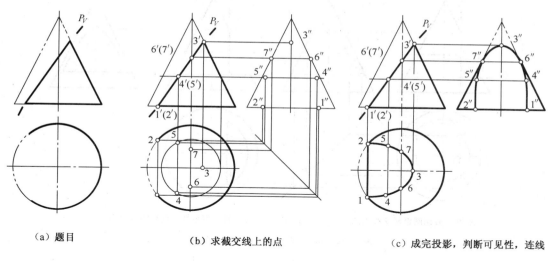

（a）题目   （b）求截交线上的点   （c）成完投影，判断可见性，连线

图 3.27 正垂面与圆锥的截交线

【例 3.13】 求做圆锥经两次截切后的水平投影和侧面投影，如图 3.28 所示。

【分析】

Q 面是水平面，与圆锥的截交线为圆；P 面与圆锥的截交线为双曲线。

【作图步骤】

（1）用细实线画出完整圆锥体的侧面投影。

（2）画出 Q 面截切圆锥的截交线。截交线的水平投影为部分圆，水平投影可直接画出，Ⅰ、Ⅱ点为截交线的最右点；侧面投影为直线 1″2″。

（3）确定双曲线上的点，最高点Ⅲ，最低点Ⅰ、Ⅱ，Ⅲ在轮廓素线上，是特殊位置点，水平投影和侧面投影可直接求出，Ⅰ、Ⅱ的投影已经作出，再求两个中间点Ⅳ、Ⅴ，其投影可由纬圆法求出。

（4）判断可见性，连线完成投影。

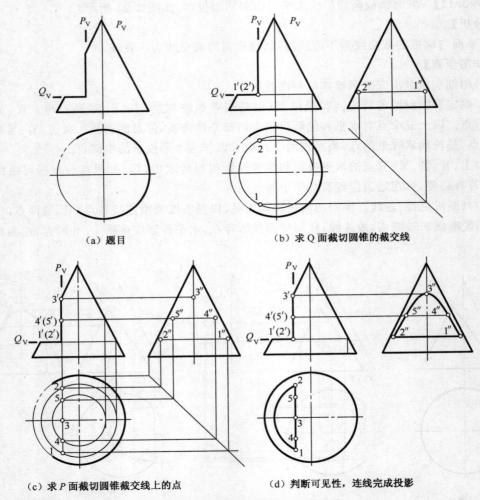

（a）题目

（b）求 Q 面截切圆锥的截交线

（c）求 P 面截切圆锥截交线上的点

（d）判断可见性，连线完成投影

图 3.28　两个平面截切圆锥的截交线

3. 平面截切球体

平面截切球体得到的截交线总是一个圆。

【例 3.14】　求球体被截切后的水平投影和侧面投影，如图 3.29(a)所示。

【分析】

球体被两个侧平面和一个水平面截切。侧平面截切球体产生的截交线在侧面投影中反映实形，左侧的侧平面通过球体平行于 W 面的大圆，截交线的侧面投影圆弧 $1''-5''-2''$ 是轮廓素线的一部分。右侧的侧平面与球体产生的截交线的侧面投影是圆弧 $3''-6''-4''$，在侧面投影中不可见，反映为虚线。

水平面截切球体产生的截交线在水平投影中反映实形，是由圆弧 $1-3$、$2-4$ 和直线 12、34 组成的弓形。截交线的侧面投影是一条直线 $1''2''$，因为在侧面投影中不可见，反映为虚线。

水平面与两个侧面相交,产生两条正垂线Ⅰ、Ⅱ、Ⅲ、Ⅳ。

【作图步骤】

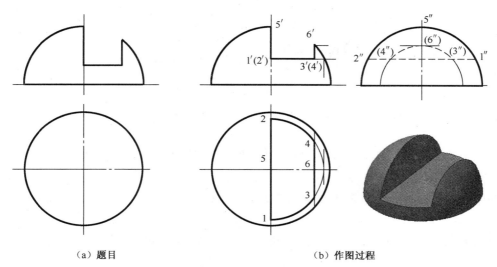

(a) 题目 (b) 作图过程

图 3.29 球体的截交线

2.3 相贯线

相交的两物体称**相贯体**,其表面交线称为**相贯线**。

相贯线的形状以及是平面还是空间的,取决于相贯的两立体。图 3.30 所示为两形体相贯在工程中的运用实例。

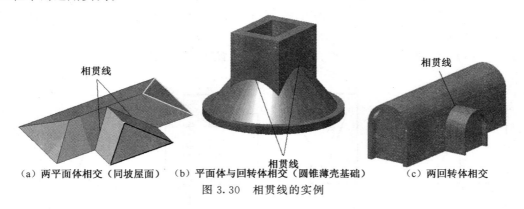

(a) 两平面体相交(同坡屋面) (b) 平面体与回转体相交(圆锥薄壳基础) (c) 两回转体相交

图 3.30 相贯线的实例

相贯线具备下列基本性质:

(1)公有性:是两立体表面的共有线,其上的点是两立体表面的共有点;

(2)分界性:是两立体表面的分界线;

(3)封闭性:是封闭的空间图形或平面图形。

当一个立体全部贯穿另一个立体时,在立体表面会产生两条相贯线(贯入,贯出),此相贯形式称为**全贯**,如图 3.31(a)所示。当两立体各有一部分参与相贯时,只产生一条相贯线,此相贯形式称为**互贯**或**半贯**,如图 3.31(b)所示。

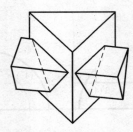

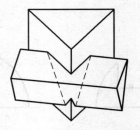

(a)全贯(相贯线是两支多边形)   (b)互贯(相贯线是一支空间多边形)

图 3.31   平面体相贯的两种情况

2.3.1   两平面体相贯

两平面立体相贯通常也称为**平平相贯**,其相贯线是多条直线段组成的平面图形或空间图形。

求解相贯线的核心问题就是求解相贯线上的特殊点或相交面的交线。其一般步骤为:

(1)分析哪些棱线或立体表面参与了相贯,全贯还是半贯,有几条相贯线,每条相贯线由几条直线段构成等。

(2)求每个立体中参与相贯的棱线与另一个立体表面的相贯点。

(3)连线:连接即位于 A 立体同一棱面上又位于 B 立体同一棱面上的点。

(4)判断可见性:只有当相交的两个面的投影都可见时,交线的投影才可见;只要其中有一个面的投影不可见,则交线的投影就不可见。

(5)按可见性原则补全立体外形的投影。除相贯线外,两立体的其它公共部分融为一体,内部线段不再画出。

【例 3.15】   如图 3.32(a),求作直立三棱柱与横置三棱柱的相贯线。

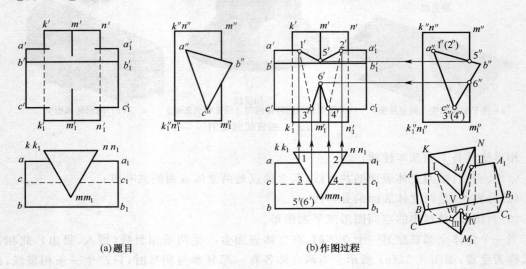

(a)题目   (b)作图过程

图 3.32   直立三棱柱与横置三棱柱相贯

【分析】

从图中可以看出,横置三棱柱的两条棱线 AA_1、CC_1 与直立三棱柱的棱面相交;而直立三棱柱的最前棱线 MM_1 与横置三棱柱的棱面相交,所以两三棱柱是互贯的情况,其相贯线是一支封闭的空间多边形。

由于直立三棱柱的水平投影和横置三棱柱的侧面投影都有积聚性,所以相贯线的水平投影必然积聚在直立三棱柱的水平投影上;而相贯线的侧面投影一定积聚在横置三棱柱的侧面投影上,因此可利用积聚性求出各相关点。

【作图步骤】

(1)求线面交点,利用直立三棱柱水平投影的积聚性,确定横置三棱柱的棱线 AA_1、CC_1 与直立三棱柱 KM 和 MN 两棱面的线面交点Ⅰ、Ⅱ和Ⅲ、Ⅳ。

利用横置三棱柱侧面投影的积聚性,求直立三棱柱的棱线 MM_1 与横置三棱柱 AB 和 BC 两棱面的线面交点Ⅴ、Ⅵ。

(2)依次连接各相贯点,如Ⅰ、Ⅴ两点既在直立三棱柱 KM 棱面上,又在横置三棱柱的 AB 棱面上,所以 $1'$ 和 $5'$ 可以相连。按此方法逐点分析,连接 $5'$、$2'$、$4'$、$6'$、$3'$、$1'$、$5'$ 即得到相贯线的正面投影。

(3)判断可见性,在正面投影中,虽然直立三棱柱的 KM 和 MN 棱面都是可见的,但是横置三棱柱上的 AC 棱面是不可见的,所以它们的交线ⅠⅢ和ⅡⅣ的正面投影 $1'3'$、$2'4'$ 均为不可见;而交线的正面投影 $1'5'$、$5'2'$、$3'6'$ 和 $6'4'$ 都可见。

(4)补全两立体投影,棱线 KK_1 和 NN_1 没有参与相贯,其正面投影应该是完整的。但有一段被前面的横置三棱柱遮住了,故其正面投影 $k'k_1'$ 和 $n'n_1'$ 被遮挡的部分应画成虚线。

【讨论】

假如将横置的三棱柱从直立三棱柱中抽出,则直立三棱柱成了带有穿口的立体。需求带穿孔的三棱柱的投影,方法同上,只需注意现在存在的内部线,如图 3.33 所示。

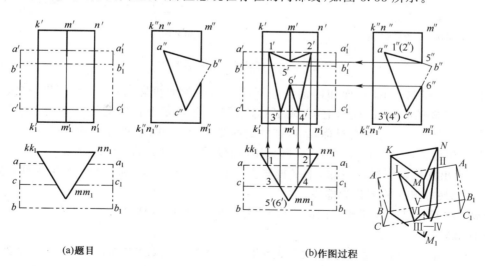

(a)题目　　　　　(b)作图过程

图 3.33 带穿孔的三棱柱

【例 3.16】　求作三棱锥与四棱柱的相贯线,如图 3.34 所示。

【分析】

四棱柱的四条棱都穿过了三棱锥,其相贯线是两条封闭的折线。前面一条是空间折线,它由三棱锥的 SAB、SBC 棱面与四棱柱相贯所产生;后面一条是平面多边形,它由三棱锥的 SAC 棱面与四棱柱相贯所产生。

【作图步骤】

(1)补出三棱锥与四棱柱的侧面投影(用细实线画出)。

(2)求四棱柱上下两棱面与三棱锥的交线,将四棱柱的两个水平棱面假想为扩大的 P 和 Q 平面,则 P 和 Q 平面与三棱锥的交线为两个与棱锥底面相似的三角形。在水平投影中,1—2—3、4—5 和 6—7—8、9—10 线段即为四棱柱上下两棱面与三棱锥各棱面交线的水平投影。而它们的正面投影在四棱柱的正面投影上,据此两面投影可求出其侧面投影。

(3)连线并判断可见性,由于四棱柱的两侧棱面水平投影有积聚性,故仅连接 1—2—3、6—7—8 和 4—5、9—10。而 1—2—3、4—5 可见,6—7—8、9—10 不可见。

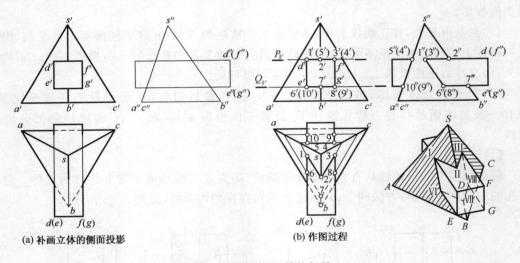

(a) 补画立体的侧面投影　　　(b) 作图过程

图 3.34　三棱锥与四棱柱相贯

由于三棱锥的 SAC 棱面和四棱柱上下两棱面的侧面投影有积聚性,所以,交线 $4''5''$、$9''10''$ 积聚在三棱锥的 SAC 棱面上,交线 $1''2''3''$、$6''7''8''$ 分别积聚在四棱柱上下两水平棱面的侧面投影上。因两立体均左右对称,故四棱柱的两侧棱面与三棱锥的相贯线的侧面投影重合,即 $4''9''$ 与 $5''10''$ 重合,$1''6''$ 与 $3''8''$ 重合,实际作图时,仅需画出可见的 $1''6''$ 即可。

(4)画出立体轮廓线的投影,水平投影上,$s2$、$7b$ 应画线,$s2$ 为实线,$7b$ 为虚线,棱线 ab、bc、ac 被四棱柱遮住的部分为虚线。

【例 3.17】　已知天窗和屋面的投影,求做它们的交线,如图 3.35(a)所示。

【分析】

首先分析天窗和屋面有哪些棱线和面相交。由图 3.35(c)可知,天窗有四条棱线和屋面相交,产生四个交点,其高度相同。屋面上的屋脊线和天窗的左右侧面各产生一个交点。相贯线上的折点一共有六个,相贯线是一条封闭的空间折线。天窗和屋面都是棱柱体,它们的各侧面在 W 面上的投影投影均有积聚性、前后两侧面在 H 面上有积聚性。由此可知,相贯线的水平投影和侧面投影是已知的,都在所在面的积聚性投影上。

【作图步骤】

如图 3.35(b)所示。

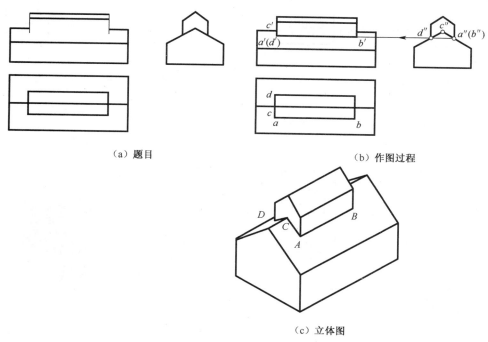

（a）题目　　　　　　　　　　　　　　（b）作图过程

（c）立体图

图 3.35　天窗与屋面相贯线

2.3.2　平面体与曲面体相贯

平面体与曲面体相贯通常也称为**平曲相贯**,其基本作图步骤同平平相贯,只是平曲相贯其相贯线有时会包含曲线部分,那就需要找到曲线上的特殊点。

图 3.36 为平曲相贯的工程应用实例。

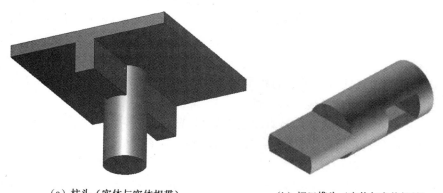

（a）柱头（实体与实体相贯）　　　　　　（b）切口榫头（实体与虚体相贯）

图 3.36　平面体与曲面体相贯

【例 3.18】　求四棱柱与圆柱的相贯线,如图 3.37 所示。

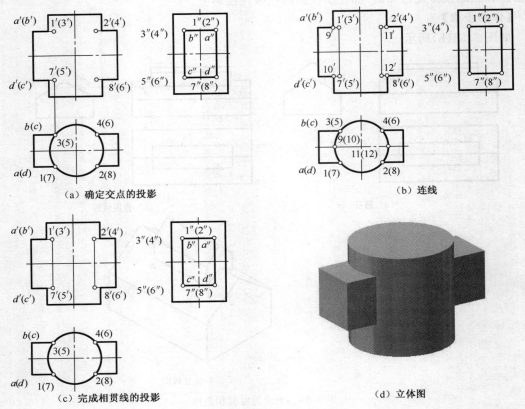

（a）确定交点的投影　　　　　　　　　　　（b）连线

（c）完成相贯线的投影　　　　　　　　　　（d）立体图

图 3.37　四棱柱与圆柱相贯

【分析】

将四棱柱的四个棱面看作是四个截平面截切圆柱,四棱柱的前后两个棱面是正平面与圆柱的截交线为直线,四棱柱的上下两个棱面是水平面与圆柱面的截交线为两段圆弧,四棱柱与圆柱的相贯线是由两段圆弧和两条直线段构成的两组封闭线框,而四棱柱的棱线与圆柱面的线面交点则是圆弧和直线的分界点。所以本例求出分界点,用直线和圆弧连接其同面投影即得相贯线的投影。

【作图步骤】

（1）利用圆柱和四棱柱水平投影的积聚性,求出各交点的正面投影,如图 3.37(a)所示。

（2）连接各点,并判别相贯线的可见性。

棱面 AD 和棱面 BC 的截交线是直线段 Ⅰ Ⅶ、Ⅱ Ⅷ 和 Ⅲ Ⅴ、Ⅳ Ⅵ,由于图形对称,交线的正面投影重合,故只画出可见的 1′7′、2′8′。棱面 AB 和棱面 CD 的截交线为圆弧 Ⅰ Ⅲ、Ⅱ Ⅳ 和 Ⅴ Ⅶ、Ⅵ Ⅷ,它们的正面投影积聚为直线段 9′1′、2′11′ 和 10′7′、12′8′,如图 3.37(b)所示。

（3）正确画出参与相贯的两立体轮廓线的投影,并判断可见性,如图 3.37(c)所示。

【讨论】

把四棱柱从圆柱体中抽出,圆柱体则带有穿孔。图 3.38 给出了几种带有穿孔的圆柱体投影。

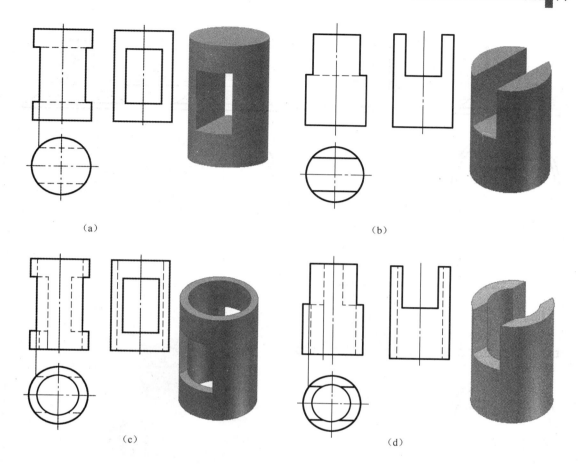

（a）

（b）

（c）

（d）

图 3.38 带穿孔圆柱体的投影

【例 3.19】 求做圆锥薄壳基础的相贯线，如图 3.39（a）所示。

【分析】

四棱柱的四个棱面均平行于圆锥的轴线，所以相贯线是由四条双曲线组成的空间闭合曲线。四条双曲线的连接点，就是四棱柱的四条侧棱与圆锥体的相贯点。四棱柱的四个棱面在水平面上的投影都有积聚性，相贯线的水平投影就在四棱柱的水平投影上，所以相贯线的水平投影是已知的，只需求正面投影和侧面投影。

【作图步骤】

（1）求特殊点。先求相贯线的转折点，A、B、G、H 四点的正面投影和侧面投影，这四个点的水平投影均为已知，可用素线法或纬圆法求出其它投影。而最高点 C 在最前轮廓素线上，其侧面投影 c'' 已知，可求出正面投影 c'。

（2）求一般点。选取两个位置对称的一般位置点 E 和 F，用素线法求出两点的正面投影。

（3）连接各点投影并判断可见性。

（4）补全立体的投影。

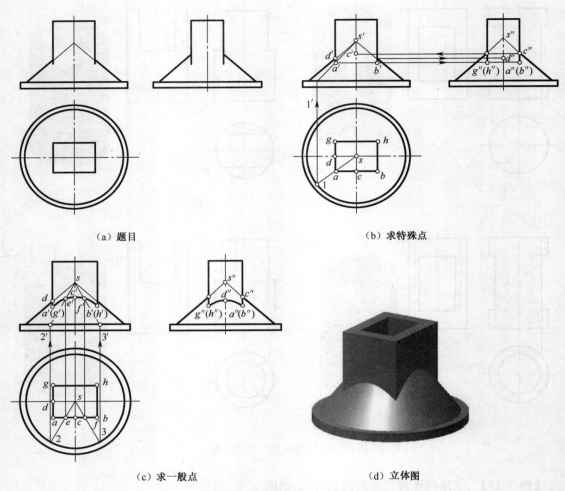

(a) 题目　　(b) 求特殊点

(c) 求一般点　　(d) 立体图

图 3.39　圆锥薄壳基础相贯线

2.3.3　两曲面体相贯

求两曲面体表面的相贯线时,若两立体表面的投影都有积聚性,可利用积聚性直接求得;若两立体表面的投影没有积聚性或仅其中一个有积聚性,则可利用辅助截面法或辅助线法求得。不论用那种方法求相贯线,都必须先求出相贯线上的特殊点,以确定相贯线的范围和弯曲趋势;然后在特殊点之间适当位置选一些中间(一般)点,使相贯线具有一定的准确性。最后判断其可见性,并将点依次光滑地连接即可。

1. 两圆柱体相贯

【例 3.20】　求两轴线正交圆柱的相贯线,如图 3.40 所示。

【作图步骤】

(1)求特殊点如图 3.40(a)所示,由于两圆柱的轴线相交,相贯线的最高点也是最左、最右点就是两圆柱正面投影轮廓线的交点,在正面投影上可直接确定 1′和 2′。相贯线的最低点也是最前、最后点就是小圆柱侧面投影轮廓线上的点,在侧面投影中利用大圆柱的积聚性可直接确定 3″和 4″。

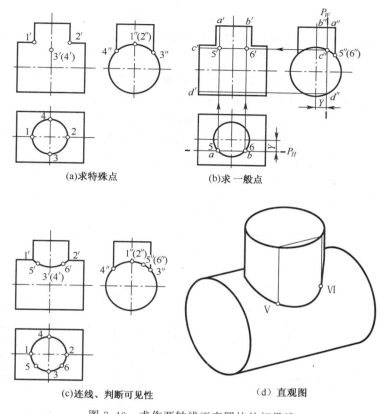

(a)求特殊点　　　　　　　　(b)求一般点

(c)连线、判断可见性　　　　（d）直观图

图 3.40　求作两轴线正交圆柱的相贯线

（2）求中间点，如图 3.40（b），在适当的位置选定 V、Ⅵ点，利用积聚性和投影规律，根据水平投影和侧面投影可以求出其正面投影 5′、6′。

（3）依次光滑地连接各点，并判断可见性。

2. 圆柱体与圆锥体相贯

辅助平面法：用一个平面同时截切两个相贯体，得出两条截交线，两截交线的交点就是相贯线上的点。如用若干辅助平面截切物体，便可得到一系列点，将这些点光滑的连接即是相贯线，如图 3.41 所示。

为了便于作图，辅助面的选择原则是：**（1）辅助面应是投影面平行面或投影面垂直面；（2）辅助面与两曲面立体的交线的投影都是简单易画的圆或直线。**

【例 3.21 】　用辅助平面法做圆柱与圆锥的相贯线，如图 3.42 所示。

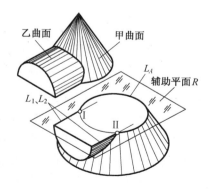

图 3.41　辅助平面法的基本原理

【分析】

圆柱虽然是全部贯入圆锥内部，但未从右侧穿出，所以只有一条相贯线。由于圆柱的侧面投影有积聚性，所以相贯线的侧面投影是已知的，只需要求其正面投影和水平投影。既然相贯线的侧面投影是已知的，那么也可采用面上定点的方法求做相贯线的其它

两面投影。

【作图步骤】

（1）选用水平面做辅助平面，其与圆锥面的交线为水平纬圆，与圆柱面的交线为直线（素线）。

（2）求相贯线上的特殊位置点。相贯线的最高点和最低点Ⅰ、Ⅱ，其侧面投影是$1''$、$2''$，其正面投影是圆柱的最高、最低轮廓素线与圆锥轮廓线的交点$1'$、$2'$。即可求出其水平投影1、2。相贯线的最前、最后点Ⅲ、Ⅳ，通过这两点做辅助平面Q，可得到两点的水平投影3、4和侧面投影$3''$、$4''$。相贯线的最左点也是点Ⅱ。最右点Ⅴ、Ⅵ，其侧面投影$5''$、$6''$是在侧面投影中，过圆柱的圆心作圆锥轮廓线的垂线，与圆周的交点。过$5''$、$6''$做辅助水平面P，即可求出其水平投影5、6，和正面投影$5'$、$6'$。

（3）做中间点Ⅶ、Ⅷ。通过两点的侧面投影$7''$、$8''$做辅助水平面R，可求出水平投影7、8和正面投影$7'$、$8'$。

（4）判断可见性，连线，完成投影。

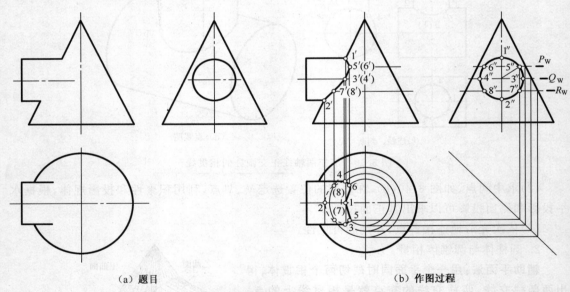

（a）题目　　　　　　　　　　　　　　（b）作图过程

图 3.42　辅助平面法做圆柱与圆锥的相贯线

2.3.4　相贯线的特殊情况

1. 相贯线为平面曲线（椭圆）

两个二次曲面公切于同一球面时，相贯线为平面曲线（椭圆）。当它们的公共对称平面平行于某个投影面时，相贯线在该投影面上的投影积聚为直线，如图3.43所示。

2. 相贯线为直线

当两轴线相互平行的柱体或两共锥顶的锥体相交，相贯线为直线，如图3.44所示。

3. 相贯线是垂直于公共轴线的圆

当两回转体同轴时，无论回转面是几次曲面，相贯线一定是垂直于公共轴线的圆。若两相贯的回转体之中有一个是球，且球心在回转体轴线上，则相贯线也是垂直于回转体轴线的圆，如图3.45所示图3.46。

图 3.46 是同轴回转体在工程上的应用实例。

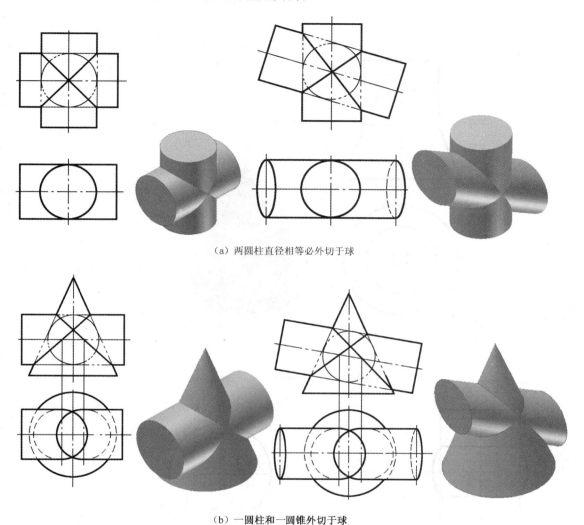

（a）两圆柱直径相等必外切于球

（b）一圆柱和一圆锥外切于球

图 3.43　回转体的相贯线为平面曲线（空间为椭圆）

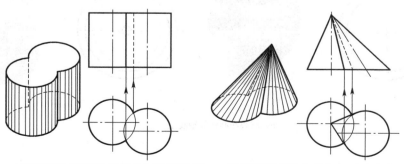

(a)两轴线平行的圆柱(相贯线为两平行直线)　(b)两共锥顶的圆锥(相贯线为两相交直线)

图 3.44　回转体的相贯线为直线

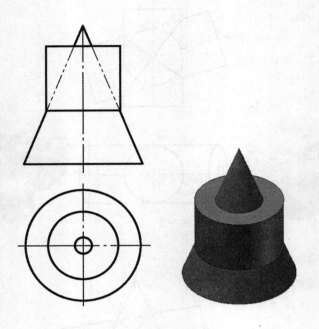

（a）两回转体同轴时

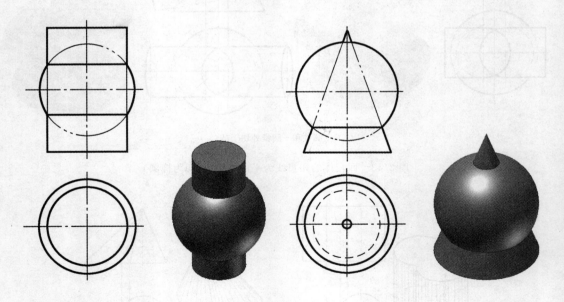

（b）球心在回转体轴线上

图 3.45　回转体的相贯线为垂直于公共轴线的圆

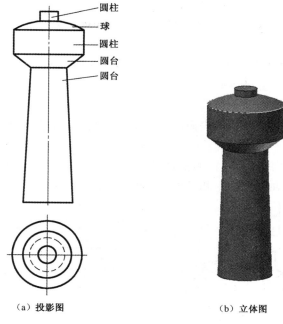

（a）投影图　　　　　　　　　（b）立体图

图 3.46　水塔

任务三　绘制和阅读组合体投影图

本任务主要掌握绘制与阅读组合体投影图的一般方法和步骤，为进一步学习土建工程图奠定基础。

3.1　组合体的组合形式及其各表面间的结合关系

3.1.1　基本体间的组合方式

组合体的组合方式指的就是各基本体组合时的相对位置关系，一般可分为叠加、挖切和既有叠加又有挖切的**混合方式**，如图 3.47 所示。

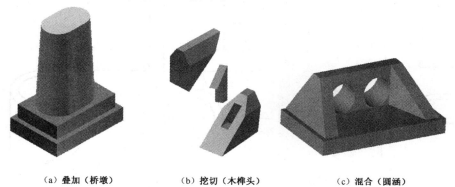

（a）叠加（桥墩）　　　　　（b）挖切（木榫头）　　　　　（c）混合（圆涵）

图 3.47　组合体的类型

3.1.2　组合体各表面间的结合关系

基本体经叠加、挖切组合后,基本体的邻接表面间可能产生**共面**、**相切**和**相交**三种情况。

1. 共面

两基本体的邻接表面组合后连接成一个面(即共面),即两基本体的邻接表面连接处不再有分界线,所以在投影图上此处不画线,如图 3.48(a)所示。

2. 相交

两基本体的邻接表面相交,邻接表面之间一定产生交线,如图 3.48(b)、(c)、(d)所示。

3. 相切

相切是指两个基本体的邻接表面光滑过渡,两邻接表面在相切处不存在分界线,所以两基本体的邻接表面相切时,在投影图上相切处不画线,如图 3.49 所示。

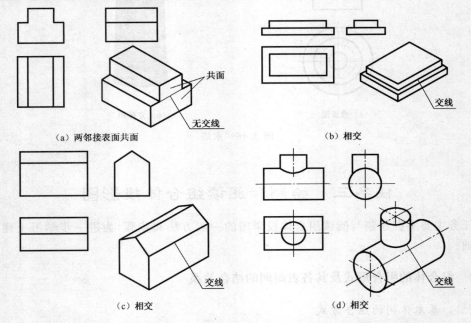

图 3.48　两基本体的邻接表面经组合后共面与不共面的不同画法

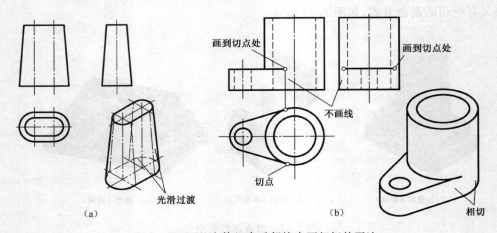

图 3.49　两基本体组合后邻接表面相切的画法

3.2　绘制组合体投影图

画组合体的投影图，一般可按下列步骤进行：**形体分析、确定安放位置、确定投影数量、画投影图**。

现以图 3.50(a)所示之双孔圆涵洞口模型为例加以说明。

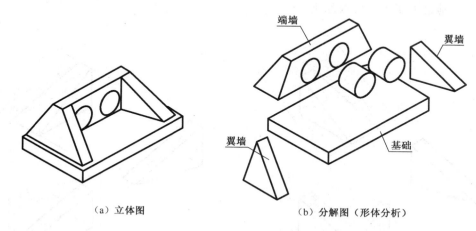

（a）立体图　　　　　　　　　　（b）分解图（形体分析）

图 3.50　双孔圆涵洞口模型分解图

3.2.1　形体分析

形体分析就是将一个组合体分解成若干个基本体或若干个部分，弄清楚各部分的形状、大小和它们之间的相对位置、组合方式。双孔圆涵洞口模型可以分解为基础、端墙和翼墙三个部分，如图 3.50(b)所示。

基础部分简单，就是一个底面为矩形的四棱柱。端墙的基本体是一四棱柱，其三面侧表面被平面截切，同时又带有两个圆柱穿孔，如图 3.51 所示。

翼墙的基本体是一底面为直角梯形的四棱柱，被截切平面两次截切形成翼墙，如图 3.52所示。

3.2.2　确定安放位置

将组合体置于确定的投影体系中，不同的安放位置得到的投影图不同。为了准确、清楚地表达，同时为了达到易绘图、易读图的目的，就需要确定一个合适的安放位置。

确定组合体的安放位置，一般应遵循以下原则：

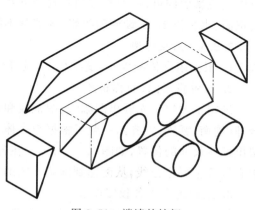

图 3.51　端墙的挖切

(1)应使组合体安放平稳或处于正常工作位置。

(2)得到的正面投影图最能反映组合体的形体特征。

(3)应使组合体的主要表面尽可能多的处于投影面特殊位置（平行或垂直）。

(4)应尽可能地减少各投影中不可见轮廓线的出现。

(5)针对横式布置的图幅,为了合理利用图幅布局,对于长、宽相差较大的组合体,应使较长的一面平行于正投影。

由于组合体的复杂程度不同,上述原则往往不能全部满足,这时可视具体情况,权衡利弊决定取舍。

对于双孔圆涵洞口模型,使其两个圆柱穿孔正投影反映圆的实形,基础底面平行于水平投影面,则较好地遵循了上述安放原则。

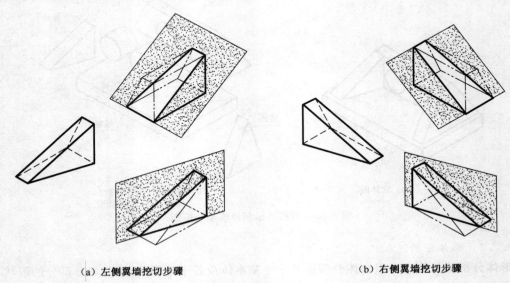

(a) 左侧翼墙挖切步骤   (b) 右侧翼墙挖切步骤

图 3.52 翼墙的挖切

3.2.3 确定投影数量

确定投影数量就是要弄清楚需要几个投影面才能完整清楚地表达组合体。设立两个或两个以上投影面即可,一般常采用三投影体系。对于双孔圆涵洞口模型,安放位置确定后,若只设正面、水平投影,不设侧面投影,翼墙就不能完整表达。

3.2.4 画投影图

1. 根据组合体的大小、复杂程度,选择合适的图幅和比例。

2. 布置投影图(简称布图)

确定了图幅后先画出图幅线、图框线和标题栏,这样就明确了真正画图的范围。布图力求合理(均衡、紧凑、整齐),一般可根据组合体长、宽、高三个方向外接矩形进行初步布图,要考虑留出标注尺寸的位置,如图 3.53 所示。在各投影图上画出基准线、对称线、轴线、确定圆心的中心线等主要定位线,从而达到准确布图的目的,如图 3.54(a)所示。

3. 绘制组合体各投影图底稿

绘制底稿图采用细线。按照先画主要部分,后画次要部分;先画可见线后画不可见线;先画轮廓后画细节的原则进行。对于组合体每一个部分,要三个投影图联系起来画,并从最能反映该部分特征的投影图入手,或者从与投影面处于特殊位置的投影图入手。

对于双孔圆孔圆涵模型,先画基础的三投影图,再画端墙,最后画翼墙,如图 3.54(b)、(c)、(d)所示。

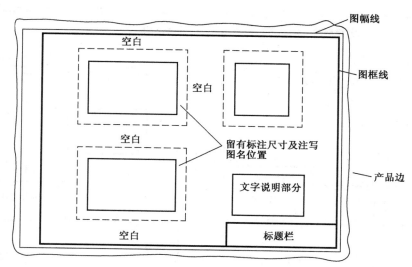

图 3.53　布图

　　绘制各投影图时,应注意各部分表面结合关系,还要注意各部分内部融为一体,则有些轮廓线就不再存在。

　　在绘制双孔圆涵模型端墙与翼墙时,其两个部分左右侧面共面,故不存在交线,不应画出。

　　4. 检查、描深

　　对所绘制底稿全面检查无误后,即可按照国标的要求将图线描粗、加深,如图 3.54(e)所示。

　　5. 标注尺寸

　　组合体的投影图只表达了形体的形状,而其大小及各基本体之间的准确定位,还需要有尺寸来确定。在项目一中,我们已经就国标关于尺寸标注的基本要求进行了了解,下面我们仍然以双孔圆涵模型为例,学习掌握组合体的尺寸标注。

　　(1)组合体尺寸标注的基本要求

　　首先,尺寸标注应正确,即所标注尺寸应符合国家标准。其次,尺寸标注应完整,即既不重复也不遗漏。当然对于土木工程图也允许重复。另外,尺寸标注应清晰易读,即排列整齐、位置明显、层次清楚、便于读图。

　　(2)组合体尺寸分类

　　a. 定形尺寸——用以确定组合体中各基本形体形状及大小的尺寸。

　　如图 3.55(b)中,500、300、50 分别是确定基础的长、宽、高的尺寸,$\phi 100$ 确定圆孔直径的尺寸等。

　　b. 定位尺寸——用以确定组合体中各基本形体间相对位置的尺寸。

　　如图 3.55(c)中,180、50 分别确定圆孔在长度方向和高度方向的相对位置;280、400 表明了翼墙的平面位置和向两侧倾斜的角度,130 确定了端墙侧面距离基础后侧面的相对位置。

　　c. 总体尺寸——用以确定组合体的总长、总宽和总高的尺寸。

　　如图 3.55(d)中 500、300、200 分别表示了双孔圆涵模型的总长、总宽和总高。

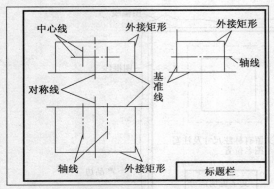

（a）在初步布图的基础上，画轴线、对称线、
中心线和基准线

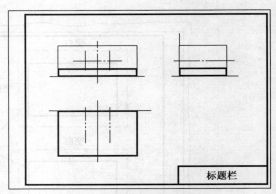

（b）画基础的三面投影图

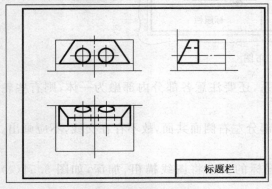

（c）画端墙的三面投影图

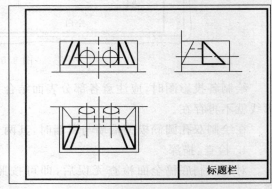

（d）画翼墙的三面投影图

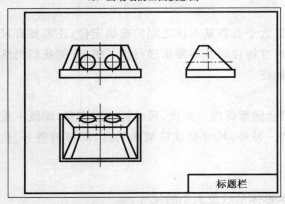

（e）检查描深（处理好各表面间的邻接关系）

图 3.54　画组合体投影图

　　标注完组合体各部分的定形、定位尺寸后，尺寸已完整，若再加注总体尺寸就会出现冗余尺寸，但总体尺寸在组合体的尺寸标注中有是必要的。所以，在加注总体尺寸的同时，就减掉一个同方向的定形尺寸，使尺寸标注不闭合，如图 3.55（e）减掉长度方向的两个 30 尺寸。在土木制图中，为了施工放样时查找尺寸方便，允许出现冗余尺寸，尺寸标注闭合，如图 3.56 所示。

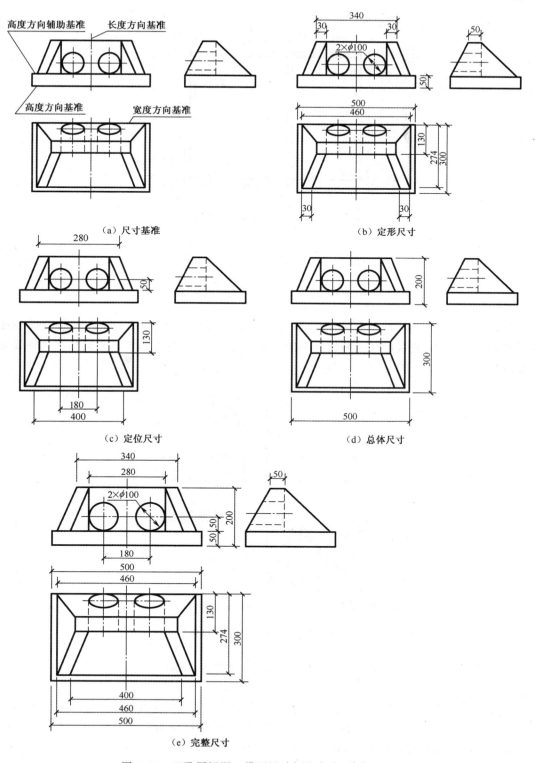

图 3.55 双孔圆涵洞口模型尺寸标注方法(单位:mm)

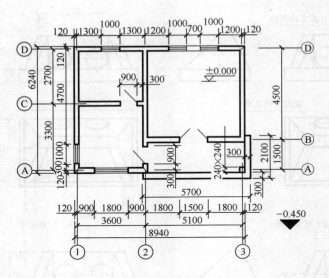

图 3.56   土木工程图样尺寸标注

当组合体的某一端部(左右、上下、前后部)不是平面而是回转面时,该方向不直接标注总体尺寸,只标注轴线的定位尺寸和回转面的定型尺寸,也可理解为总体尺寸只标注到轴线处或中心线处。如图 3.57 的总长 34 和总高 32。

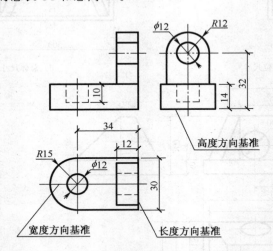

图 3.57   组合体一侧为回转面时总体尺寸标注

很多情况下,一个尺寸既代表定形、定位尺寸,又代表总体尺寸。

(3)尺寸基准

尺寸基准是指标注尺寸的起点。选择尺寸基准时应注意以下几点:

a. 通常情况以组合体较重要的端面、底面、对称面、轴线作为尺寸基准。

b. 组合体的长、宽、高每个方向最少要有一个,有些情况下,可有多个。

组合体的对称面、轴线或较重要的面可作为主要基准,而为了标注方便、清晰可选取同一方向的其它基准作为辅助基准。以对称面作为基准标注尺寸时,应从对称面向两边标注尺寸,而不应向两侧分别标注。如图 3.55(c)双孔定位尺寸 180,而不是向两侧标注 90。

(4)标注尺寸

以对组合体的形体分析为基础,先主要组成部分后次要组成部分,按照选尺寸基准、标注各组成部分定形尺寸、标注各组成部分定位尺寸、标注总体尺寸、检查调整。如图 3.55(a)、(b)所示为选基准、标注定形尺寸,图 3.55(c)、(d)所示为标注定位尺寸和总体尺寸。检查调整无误后完成尺寸标注全过程。

标注尺寸需再强调的几点:

a. 同一基本体或组成部分的定形和定位尺寸应尽量相对集中在一个投影上,方便读图。如图 3.55(d)所示的长和宽均标注在水平投影上。

b. 无论定形尺寸还是定位尺寸应尽量标注在特征最明显的投影上。如图 3.55(b),双孔的直径 $\phi100$ 标注在反映圆的实形的正面投影上。

c. 尺寸排列要整齐、有层次,同一方向的串联尺寸应尽量布置在同一条线上。如图 3.55(b)所示,翼墙上沿两宽度 30 标注在同一条线上,且小尺寸在里,大尺寸在外。尺寸线与尺寸线之间,尺寸线与轮廓线之间间距一般以 $7\sim10mm$ 为宜。

d. 内外结构尺寸要分开标注,如图 3.58 所示。

e. 尺寸应尽量布置在图形轮廓线之外或注写在图形中较大空白处,以避免

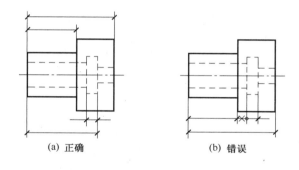

(a) 正确   (b) 错误

图 3.58   内外形尺寸分开标注的图例

尺寸数字与图线交错、重叠。对于某些细部尺寸,允许标注在图形轮廓内,但轮廓线只能作为尺寸界线,不能作为尺寸线来使用。如图 3.57 中所示的底板圆孔深度 10。

6. 填写标题栏及相关文字说明。

7. 最后复核,完成全图。

3.3 阅读组合体投影图

读图的一般步骤为先形体分析后线面分析,先外部后内部,先整体后局部,再由局部回到整体,以获得对该组合体的完整形状认识。

3.3.1 形体分析法

这里所讲的形体分析法是从投影图入手,想象出投影图所表达的组合体。其基本思想是:从最能反映组合体形状特征的投影图入手,分析该组合体由哪几部分组成及组成方式,然后运用投影规律,逐个找出每一部分在其它投影图上的对应投影,从而想象出各个基本体(或各部分)的形状及相对位置关系,最后想象出整个组合体的形状。

图 3.59(a)给出了 T 形桥台模型(顶帽和后墙上部未画出)的三投影图,从正面投影和侧面投影可以看出,桥台分成上下两部分,下部为基础,上部为台身。从正面投影图和水平投影

图可以看出,台身分为左右两部分,右部为前墙,左部为后墙。

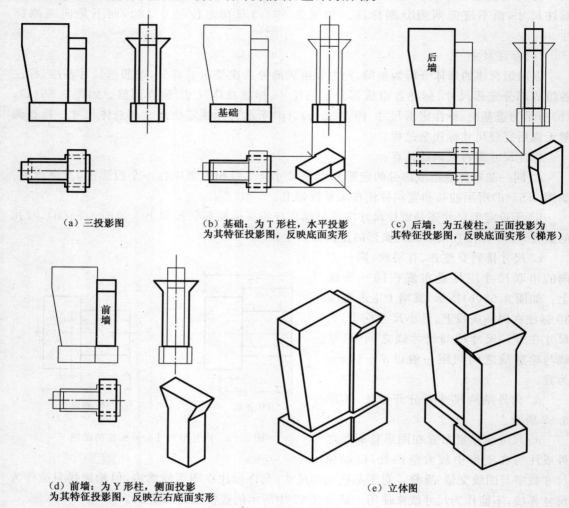

（a）三投影图

（b）基础：为 T 形柱,水平投影
为其特征投影图,反映底面实形

（c）后墙：为五棱柱,正面投影为
其特征投影图,反映底面实形（梯形）

（d）前墙：为 Y 形柱,侧面投影
为其特征投影图,反映左右底面实形

（e）立体图

图 3.59　形体分析法读桥台图的方法步骤

　　在阅读每一个基本体（或每一部分）时,也要先从最能反映其形状特征的投影图入手,将各个投影图联系在一起,运用"长对正,高平齐,宽相等"的基本投影规律,找出对应的其他投影,从而想象出其形状,并进一步弄清楚各部分相对位置关系,如图 3.59 所示。

3.3.2　线面分析法

　　对于较为简单的组合体利用形体分析法就能够想象出其空间形状,但对于复杂一些的组合体,其上某些部分运用形体分析法不易分析时,可采用线面分析法。尤其以挖切为主的部分线面分析法显得尤为重要。

　　线面分析法就是从投影图中某一线段或线框入手,分析它们在空间的具体含义,进而弄清楚形体各表面的性质、形状和相对位置,最终想象出该部分的空间形状的方法。

　　投影图上的一条线段在空间的具体含义可能是形体的棱线或两面交线的投影,也可能是平面或曲面的积聚投影,还可能是曲面体轮廓线的投影等。投影图上的一个线框在空间的具体含义可能是一个平面或曲面的投影,也可能是相贯线的投影,还可能是形体轮廓线的投影等。

而当平面与投影面处于倾斜位置时,平面在投影面上的投影(线框)具有类似性。

在某一个投影上选中一条线段或一个线框,利用"长对正,高平齐,宽相等"的投影规律和上述基本分析原则,找出与之对应的其它投影,进而分析出其空间的具体含义和相对位置关系。

【例 3.22】 读图 3.60(a)所示挡土墙的三面投影图。

【读图】

由投影图可以看出,此挡土墙大致形状是四棱柱截切而成。如图 3.60(b)所示,正面投影有两个线框 1′和 2′。依据基本投影规律,线框 1′对应的水平投影和侧面投影分别为 1 和 1″,可知 I 面是一侧垂面,1 和 1′具有类似性。线框 2′对应的水平投影和侧面投影分别为 2 和 2″,可知 II 面是一正平面。

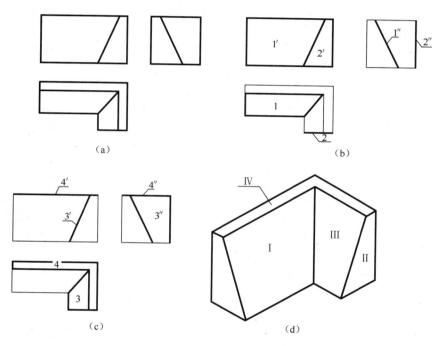

图 3.60 读挡土墙的三面投影图

如图 3.60(c)所示,水平投影的线框 3 对应的正面投影为斜线 3′、侧面投影为 3″,可知 III 面是一正垂面,3 和 3″具有类似性。线框 4 对应正面投影的水平线 4′和侧面投影的水平线 4″,可知 IV 面是一水平面。

由以上分析可知,此挡土墙是个四棱柱被侧垂面 I 和正垂面 III 切去一块而形成的。

【例 3.23】 读图 3.61(a)所示的拱涵端节三面投影图。

【读图】

正立面图能较明显地反映出形体的形状特征,读图时先使用形体分析法,采用划块,对投影的方法,可以分析出管节是由基础、边墙,拱圈和端墙组成,如图 3.62(a)、(b)、(c)。然后用线面分析法,分析平面图中拱顶部分的曲线和线框的含义,如图 3.62(d)。分析出来各组成部分的形状,根据他们的相对位置和组合形式综合起来就可以想象出端节的整体形状。

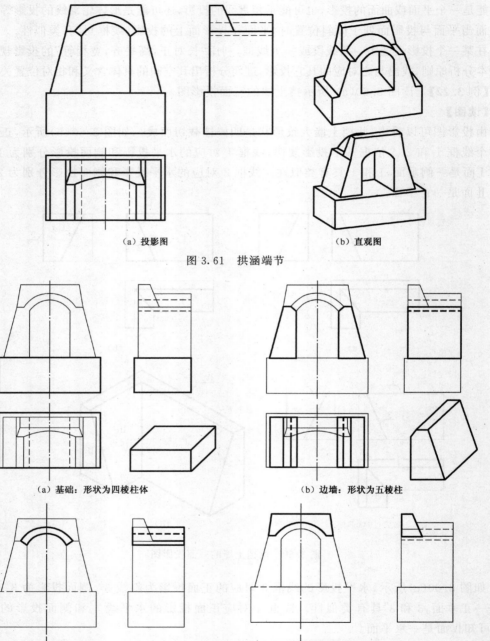

（a）投影图　　　　　　　　　（b）直观图

图 3.61　拱涵端节

（a）基础：形状为四棱柱体　　　　　　　（b）边墙：形状为五棱柱

（c）拱圈：正面投影具有积聚性且反映端面实形　　　（d）端墙：端墙的形状是一个梯形
柱左右斜切，前侧面是一个侧垂面，
与拱圈斜交，交线是一段椭圆弧

图 3.62　拱涵端节投影图的读图过程

项目四 形体表达

三面投影图附带尺寸标注是表达组合体的最基本的方法,但对于工程形体仅采用三投影图难以表达清楚。为了使形体的内外部形状的表达更加完整、准确和清晰,国家标准《建筑制图统一标准》(GB 50001—2001)对有关投影图、剖面、断面以及图样的简化画法等做出了统一规定。本项目就是要掌握这些形体的常用表达方法。

任务一　建立六个基本投影图

国标规定:以正六面体的六个面为六个基本投影面,将形体放置在正六面体中,分别向六个基本投影面进行投影,得到六个基本投影图,如图 4.1 所示。六个基本投影图展开后的投影关系如图 4.2 所示。

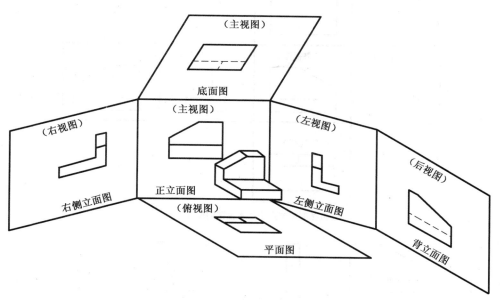

图 4.1　六个基本投影图的形成及投影面的展开

机械制图中将投影图称为视图,分别为:主视图、俯视图、左视图、右视图、仰视图和后视图。其展开后的视图配置如图 4.3(a)所示,但不标注图名。

土木制图中六个基本投影分别称为:正立面图、平面图、左侧立面图、右侧立面图、底面图和背立面图。每个投影图均应标注图名,图名宜标注在投影图的正下方,并在图名下绘一粗实线,其长度以图名所占长度为准。若在同一张图纸上同时绘制几个投影图时,其顺序可按主次关系从左到右排列。其展开后的投影图配置如图 4.3(b)所示。

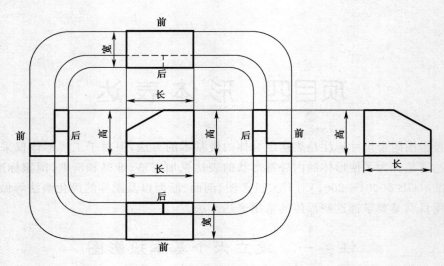

图 4.2   六个基本投影图间的投影关系

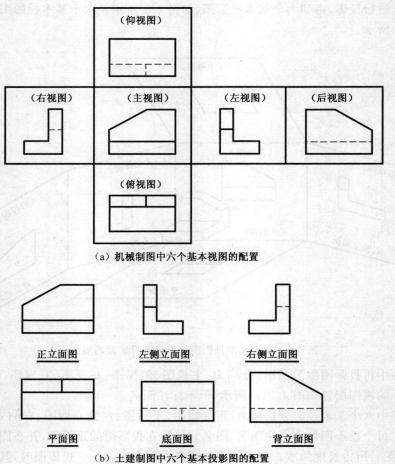

（a）机械制图中六个基本视图的配置

正立面图   左侧立面图   右侧立面图

平面图   底面图   背立面图

（b）土建制图中六个基本投影图的配置

图 4.3   投影图的习惯配置

任务二　剖　面　图

当形体内部构造比较复杂时,在投影图中就出现较多的虚线影响图示效果,也不便于标注尺寸,如图 4.4 所示的 U 形桥台。因此,常采用剖面图表达物体内部的结构。

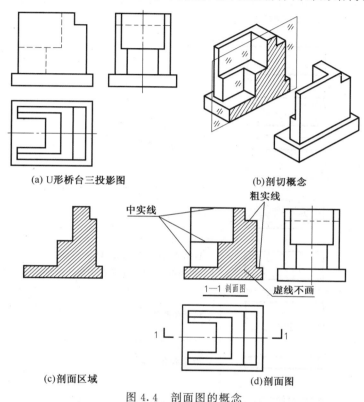

(a) U形桥台三投影图　　(b)剖切概念

中实线　　粗实线

1—1 剖面图　　虚线不画

(c)剖面区域　　(d)剖面图

图 4.4　剖面图的概念

2.1　剖面图的基本概念

用一个或多个假想的剖切平面在适当位置将形体剖开,移去观察者和剖切平面之间的部分,将剩余部分向投影面投影,所得到的图形称为**剖面图**(简称剖面),如图 4.4 所示。显然,在剖面图中台体及其内部的空心部分均可清晰的表达出来。

2.2　剖面图的画法

(1)为了使剖面图能充分反映形体的内部实形,剖切平面一般应平行于基本投影面,且应尽量通过形体上的孔、洞、槽等隐蔽部分的中心,如图 4.4(b)所示。

(2)形体的剖切是假想的。因此,在画形体的其他投影图时,应按完整的形体画出,如图 4.4(d)所示。

(3)在剖面图中,剖切平面剖切到的部分,也即截交线所围成的平面图形称为截面(也称断面),如图 4.4(c)所示。"国标"规定需要在截面内画出材料的图例符号,这样既可以区分截面(剖到的)和非截面(看到的)部分,也可以表达形体是用什么材料做成的。常用的建筑材料图例见表 4.1。在不需要指明具体材料时,可用等间距、同方向的 45°细实线代替图例符号。

表 4.1　常用建筑材料图例

序号	名　称	图　例	备　注
1	自然土壤		包括各种自然土壤
2	夯实土壤		
3	砂、灰土		
4	砂砾石、碎砖三合土		
5	石　材		
6	毛　石		
7	普通砖		包括实心砖、多孔砖、砌块等砌体。断面较窄不易绘出图例线时,可涂红,并在图纸备注中加注说明,画出该材料图例
8	耐火砖		包括耐酸砖等砌体
9	空心砖		指非承重砖砌体
10	饰面砖		包括铺地砖、马赛克、陶瓷锦砖、人造大理石等
11	焦渣、矿渣		包括与水泥、石灰等混合而成的材料
12	混凝土		1. 本图例指能承重的混凝土
13	钢筋混凝土		2. 包括各种强度等级、骨料、添加剂的混凝土 3. 在剖面图上画出钢筋时,不画图例线 4. 断面图形小,不易画出图例线时,可涂黑
14	多孔材料		包括水泥珍珠岩、沥青珍珠岩、泡沫混凝土、非承重加气混凝土、软木、蛭石制品等
15	纤维材料		包括矿棉、岩棉、玻璃棉、麻丝、木丝板、纤维板等

续上表

序号	名　称	图　例	备　注
16	泡沫塑料材料		包括聚苯乙烯、聚乙烯、聚氨脂等多孔聚合物类材料
17	木　材		1. 上图为横断面,左上图为垫木、木砖或木龙骨 2. 下图为纵断面
18	胶合板		应注明为×层胶合板
19	石膏板		包括圆孔、方孔石膏板、防水石膏板硅钙板、防火板等
20	金　属		1. 包括各种金属 2. 图形较小时可涂黑
21	网状材料		1. 包括金属、塑料网状材料 2. 应注明具体材料名称
22	液　体		应注明具体液体名称
23	玻　璃		包括平板玻璃、磨砂玻璃、夹丝玻璃、钢化玻璃、中空玻璃、夹层玻璃、镀膜玻璃等

　　(4)形体被假想剖开后,剩余的部分一般应完整画出,如图 4.4 和图 4.5 所示。但对于已经表达清楚的结构,其不可见投影(虚线)在剖面图中一般省略不画,如图 4.4 中 U 形桥台基础顶面在 1-1 剖面图中的虚线省略不画。

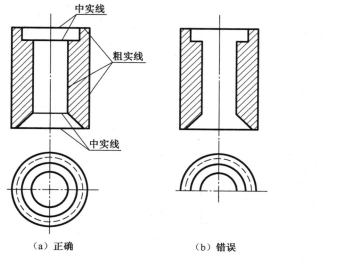

（a）正确　　　　　　　　　（b）错误　　　　　　　　　（c）直观图

图 4.5　圆形沉井

(5)如果剖切平面与某个基本投影面平行,则该剖面图可代替原有的基本投影图,如图4.4中的1-1剖面图就代替了原有的正立面图。

(6)被剖切平面剖切到部分的轮廓线用粗实线绘制,剖切平面没有剖切到但沿投射方向可以看到的部分,用中实线绘制。

2.3 剖面图的标注

为了读图方便,尚需要剖切符号表示剖面图的剖切位置和投影方向。对此"国标"有如下规定:

(1)剖切符号由剖切位置线和剖视方向线组成。剖切位置线实质上是剖切平面的积聚投影,以6~10 mm的粗实线绘制,剖视方向线垂直于剖切位置线,它指出了剖切后的投影方向,长度短于剖切位置线,以4~6 mm的粗实线绘制。剖切符号一般不宜与其他图线相接触。如图4.6所示。

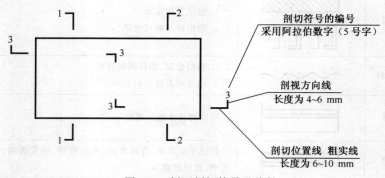

图4.6 剖面剖切符号及编号

(2)剖切符号的编号采用阿拉伯数字,字号比尺寸数字大一号(5号字)。按顺序由左至右,由上至下连续编排,并注写在剖视方向线的端部,字头朝上,如图4.6所示。

(3)与剖切符号编号对应的剖面图命名为"x-x剖面图(或x-x剖面)",如图4.4中与1号剖切平面对应的剖面图即命名为"1-1剖面图"。"1-1"为5号字体,"剖面图"为7号字体。

(4)当剖切平面与形体的对称面重合,且剖面图按投影关系配置时,标注可以省略。

2.4 常见的几种剖切方式

绘制剖面图时,针对形体的不同特点和要求,可有以下几种处理方式:

1. 全剖面图

全剖多用于表达不对称的形体,或虽然对称但外形比较简单,或在另一个投影中已将形体的外形表达清楚的情况。如图4.7、图4.8所示的双柱杯形基础和图4.9、图4.10所示的箱体,其正立面和侧立面图均可改画为全剖面图。剖面图的名称仍然为"x—x剖面"或"x—x剖面

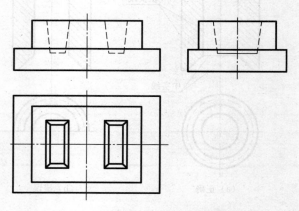

图4.7 双柱杯形基础的基本投影图

图",而不是"x—x 全剖面"或"x—x 全剖面图"。

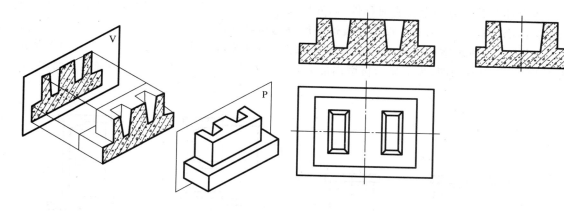

图 4.8　双柱杯形基础的全剖面图

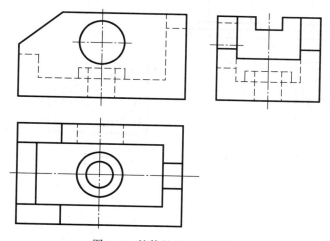

图 4.9　箱体的基本投影图

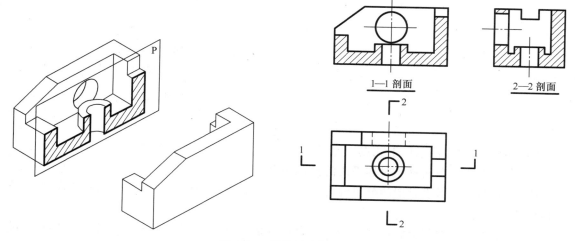

图 4.10　箱体的全剖面图

2. 半剖面图

当形体在某一方向上具有对称性,而外形又比较复杂时,可以以对称线为界,一半画剖面图表达内部结构,一半画基本投影图表达外形,称为**半剖面图**(简称半剖)。

如图 4.11 所示空心桥墩的三面基本投影图,均可改画为半剖面图,如图 4.11(b)所示。图 4.11(c)是其轴测图,为了显示桥墩内部形状,图中也采用了剖切画法,称为轴测剖面图。

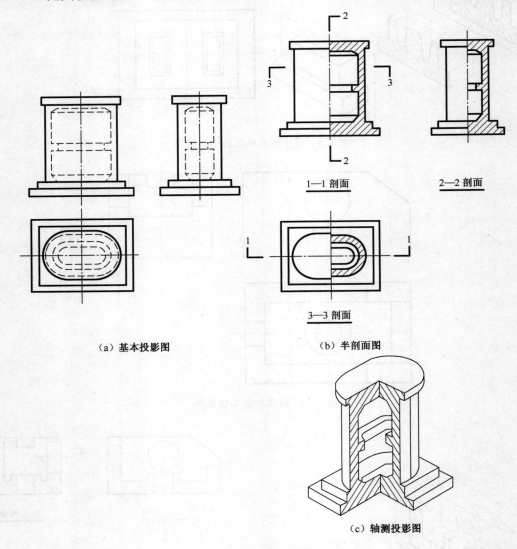

（a）基本投影图　　　（b）半剖面图

（c）轴测投影图

图 4.11　空心桥墩

画半剖面图时应注意以下几点:

(1)半剖面图画在垂直于对称平面的投影面上。

(2)剖面图与外形投影图的分界线为对称线。一般剖面图画在垂直对称线的右侧或水平对称线的下侧。

(3)由于形体的内部形状已在半剖面中表达清楚,故在另一半外形投影图上就不再画不可见轮廓线(虚线)。

(4)半剖面图的标注方法与全剖面图相同。

3. 局部剖面图

当形体的外形比较复杂,完全剖开后就无法表示它的外形时,或仅仅需要表示局部的内部结构时,可以保留原投影图的大部分,而只将局部画成剖面图,这种剖面图称为**局部剖面图**(简称局部剖)。如图 4.12 所示的瓦筒,就是用局部剖的方式表示其内孔结构。图 4.13 所示的杯形基础的平面图则是用局部剖的方式表示内部钢筋布置情况的。另外图 4.13 中正面投影为全剖面图,图中已经画出了钢筋布置情况,所以截面上不再画钢筋混凝土的图例符号。

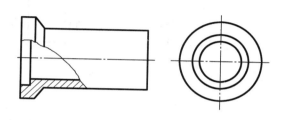

图 4.12 瓦筒局部剖面图

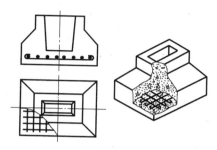

图 4.13 杯型基础局部剖面图

在局部剖面图中,已剖与未剖部分的分界线用波浪线表示。应将波浪线理解为形体断裂边界的投影,所以波浪线不能超出图形的外轮廓线,也不能穿越贯通的孔或槽,而且波浪线不应和图形上的其它图线重合或成为其它图线的延长线。

在建筑图样中,为了表达建筑形体局部的构造层次,常按层次以波浪线将各层隔开来画出各层的局部剖面图,称为**分层剖面图**(简称分层剖)如图 4.14 和图 4.15 所示。

4. 阶梯剖面图

当形体上的孔或槽无法用一个剖切平面同时切开时,则可采用两个或两个以上相互平行的剖切面将其剖开,这样得到的剖面图称为**阶梯剖面图**(简称阶梯剖)。阶梯剖适用于内部孔、槽等结构不在同一剖切平面内的建筑形体。图 4.16 为钢轨垫板的剖切情况。

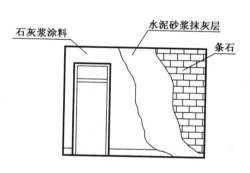

图 4.14 墙面分层剖

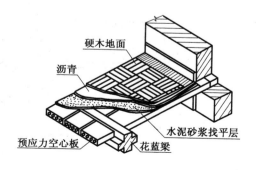

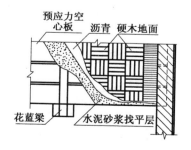

图 4.15 楼面分层剖

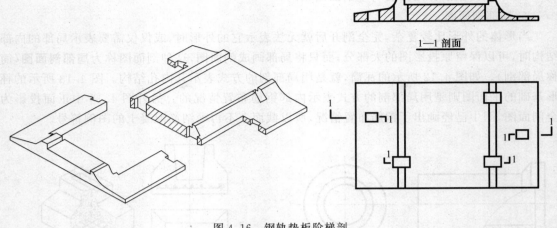

图 4.16　钢轨垫板阶梯剖

画阶梯剖时应注意以下几点：

(1)在剖面图上不画出剖切平面转折处的投影，而看成由一个剖切平面全剖形体所画的图。

(2)表示剖切位置线的转折线段不应与图上轮廓线重合、相交。

(3)阶梯剖的标注和全剖面图基本相同，只是不论相互平行的剖切平面有几个均为同一个编号，在剖切平面的起讫处及转折处均要画出剖切符号并注写编号。

5．旋转剖面图

用两个相交的剖切平面(交线为投影面的垂直线)剖切形体，并把倾斜剖切平面剖到的结构要素及其有关部分旋转到与选定的投影面平行，然后进行投影，所得到的剖面图称为**旋转剖面图**(简称旋转剖)，如图 4.17(a)、(b)所示。

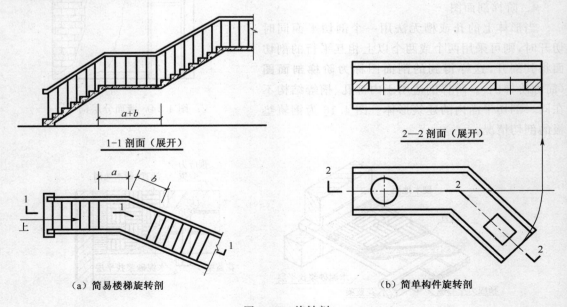

(a)简易楼梯旋转剖　　　　　(b)简单构件旋转剖

图 4.17　旋转剖

用此法剖切时,应在剖面图的图名后加注"展开"字样。旋转剖的标注和阶梯剖相同,在剖切平面的起讫处及转折处均应画出剖切符号并注写编号。

2.5 剖面图的尺寸标注

剖面图中标注尺寸除应遵守"国标"的相关基本规定外,还应注意以下几点:

(1)形体的外形尺寸和内形尺寸,应尽量分别集中标注。如图 4.18 中所示的高度方向尺寸。

(2)如需要在画有图例线的范围内注写尺寸数字时,应将图例线断开。如图 4.18 中的尺寸 20。

(3)在半剖面图中,有些部分只能表现出对称图形的一半,尺寸的另一端无法画出尺寸界线。此时,在尺寸组成完整的一侧仍然注写完整的尺寸数字,只需将尺寸线稍画过对称线或中心线即可。如图 4.18 中的尺寸 540 和直径尺寸 $\phi240$。

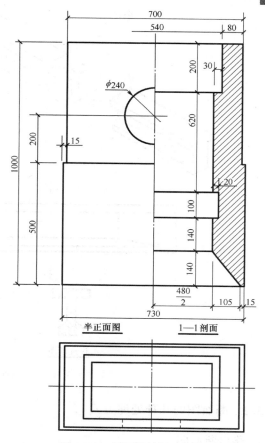

图 4.18　剖面图的尺寸标注

任务三　断　面　图

3.1　断面图的基本概念与画法

用一个假想的剖切平面剖切形体,剖切平面真正接触而切到的切口也即截交线所围成的平面图形叫做**断面**(也称**截面**)。如果仅将这个断面向与其平行的投影面进行投影,所得到的实形投影图称为**断面图**(也称**截面图**)。

如图 4.19 所示钢筋混凝土梁投影图中 1—1 为断面图,而 2—2 则为剖面图。两者的具体区别如下:

(1)断面图只画出形体被剖切后截面的投影,而剖面图则要画出形体被剖切后整个余下部分的投影。显然,断面图是剖面图的一部分。

(2)断面图剖切符号只画剖切位置线,不画剖视方向线。其剖切之后的投影方向用断面图编号的注写位置来表示。编号注写在剖切位置线的哪一侧就表示向哪一方向投射。即编号注写在剖切位置线的下方表示向下投射;注写在左侧表示向左投射。断面图上还需标注图名"x‐x断面",通常情况下,"断面"二字可以省略不写。

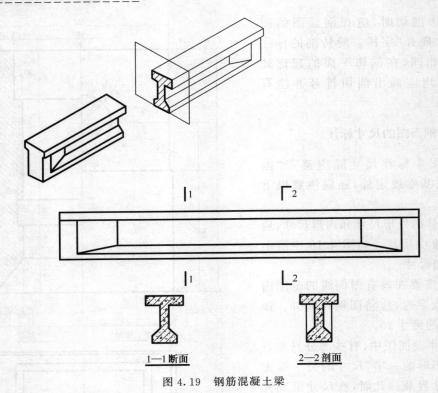

1—1 断面　　　　　　　　2—2 剖面

图 4.19　钢筋混凝土梁

3.2　断面图的几种处理方式

1. 移出断面图

断面图布置在投影图之外称**移出断面图**,移出断面一般有三种布置方式:如图 4.20(a)、(b)所示,断面图布置在剖切位置线的延长线上;如图 4.21 所示的断面图布置在杆件的端部,即按投影关系配置;而对于如图 4.22 所示的截面变化较大,需要有多个剖切平面剖切时,其断面图通常按顺序排列在投影图的四周,并且往往用较大的比例画出。

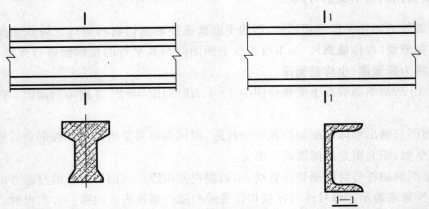

（a）**断面对称且断面两侧材料相同时,可不标注**　（b）**断面不对称,断面图标注"1—1"不可省略**

图 4.20　断面图布置在剖切位置延长线上

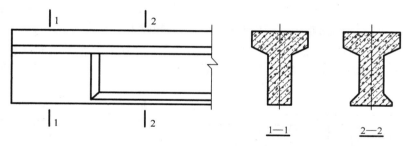

图 4.21 断面图布置在杆件端部

当一个物体需作多个断面,断面图应排列整齐,如图 4.22 所示。

为了读图方便,断面图常采用较原图大的比例画出,如图 4.22 所示。

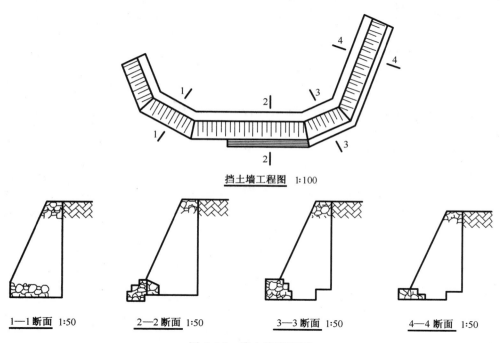

图 4.22 挡土墙断面图

2. 重合断面

若将断面图画在投影图轮廓线内,通常称为**重合断面**,如图 4.23 (a)、(b)所示。

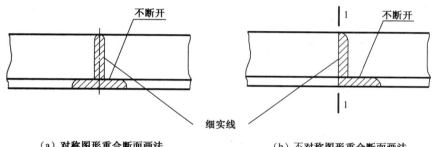

（a）对称图形重合断面画法　　　（b）不对称图形重合断面画法

图 4.23 重合断面画法

重合断面多用于较长杆件结构、墙面装饰表达、简单结构屋面表达等。画重合断面图时不能改变原有轮廓投影线。在非房建图中断面线用细实线绘制。若断面图对称,可不做标注,否则应标注剖切位置线并注写编号,如图 4.23(a)、(b)所示。对于房建图断面线以粗实线绘制,并在其表示实体的一侧加画 45°细实线图例,如图 4.24(a)、(b)所示。而对于结构梁板的断面

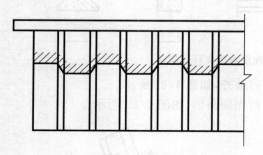 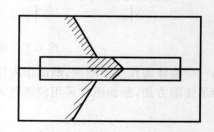

（a）墙面装饰的断面图　　　　　　　　　（b）天窗断面图

图 4.24　重合断面画法

图可画在结构布置图上,仅表达结构断面情况,断面涂黑表示材料为钢筋混凝土,如图 4.25 所示。

3. 断面图布置在杆件断开处

该断面图常用于表达较长杆件且只有单一截面形式的杆件及型钢,如图 4.26 所示钢屋架杆件。这样的断面图不加任何标注。

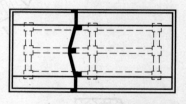

图 4.25　断面图画在梁板结构布置图上

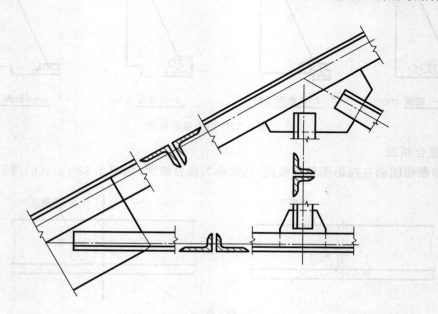

图 4.26　钢屋架杠杆断面图

任务四　了解图样的简化画法

4.1　对称图形简化画法

允许以中心线为界,只画出对称图形的一半或四分之一,在中心线上画出对称符号。如图 4.27(a)所示,对称符号是两条平行等长的细实线,线段长度为 6~10 mm,间距为 2~3 mm,成对画在中心线的两端。也可将图形画至略超出对称线少许,此时不画对称符号,如图 4.27(b)所示。

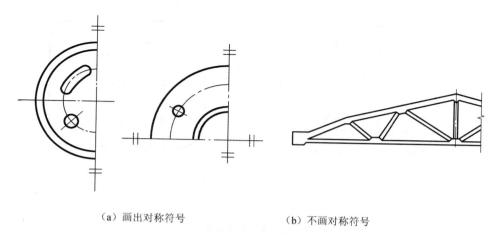

（a）画出对称符号　　　　　　　　（b）不画对称符号

图 4.27　对称图形简化画法

4.2　折断画法

断面不变或按一定规律变化的较长杆件,可以折断后缩短绘制,这种画法称折断画法,但尺寸数字仍应按杆件原长度标注,如图 4.28 所示。

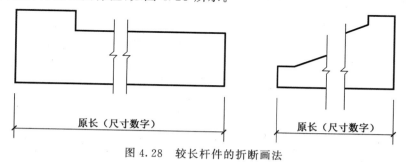

图 4.28　较长杆件的折断画法

4.3　相同要素的简化画法

多个相同排列的孔、槽及其形状大小完全相同的构造要素,可仅在两端或适当地方画出 2~3 个完整形状,其余以中心线或中心线的交点表示,也可以在中心点处画实心圆点表示,如图 4.29 所示。

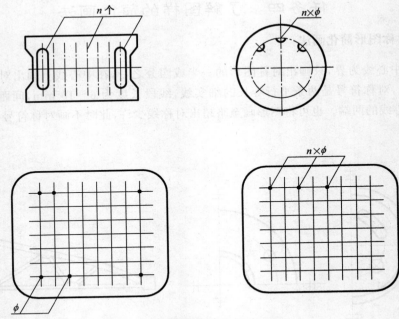

图 4.29　相同结构要素的简化画法

复习思考题

1. 选择剖切平面的基本原则是什么？
2. 剖面图与断面图的根本区别是什么？
3. 国标对绘制剖面图与断面图的线型有什么要求？
4. 工程图样中常用的剖切方式有哪几种？如何选用？

项目五　标 高 投 影

　　地面的形状（简称地形）直接影响着建筑物的设计与施工。为了解决设计与施工中的诸多问题，我们常需要画出地形图。而地形一般是不规则曲面，如果采用多面正投影法或者采用如轴测投影等其他投影法均不能够表达清楚。因此，我们可以采用在水平正投影上加注高度的方法来表达地形，这种投影称为标高投影。

　　标高投影包括水平投影、高程数值和绘图比例三个要素，如图 5.1 所示就是利用标高投影得到的地形图。

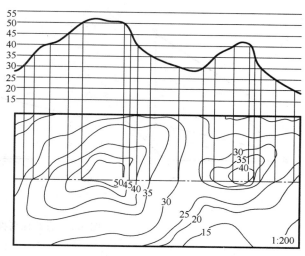

图 5.1　地形图

任务一　点的标高投影

　　如图 5.2 所示，设水平面 H 为基准面，点 A 在 H 面的上方 6 单位，点 B 在 H 面的下方 3 单位，画出 A、B 两点的水平投影 a、b，并在它们右下角标注其高度值 6、−3，就得到了 A、B 两点的标高投影。6 和 −3 称为标高。通常以 H 面为基准面，它的标高为零，高于 H 面的标高为正，低于 H 面的标高为负。而在实际应用中，选择基准面时，尽量使各点的标高都是正值。要充分确定形体的空间形状和位置，在标高投影图上还必须附有一个比例尺，并注明刻度单位。标高投影常用的单位是米。在地形测量上，我们国家规定以青岛市外黄海海平面作为零标高的基准面。

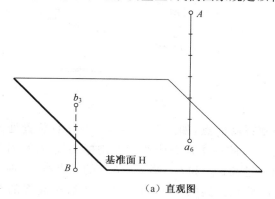

（a）直观图

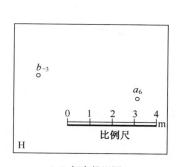

（b）标高投影图

图 5.2　点的标高投影

任务二 直线的标高投影

直线的标高投影有两种表示方法：

1. 给出直线上两点的标高投影，如图 5.3(a)、(b)所示。

2. 给出直线上一点的标高投影和直线方向，并加注坡度，如图 5.3(c)所示。图中箭头所指方向为下坡方向。

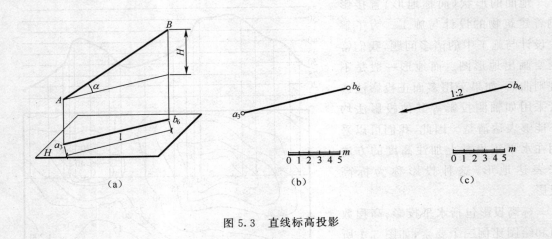

图 5.3 直线标高投影

2.1 直线的倾角、实长与刻度

如图 5.3(a)所示，**直线的倾角** α 指的就是直线对基准面的倾角。我们可以将 a_3ABb_6 绕 a_3b_6 旋转 90°，将其落到基准面上即可得到倾角 α 和实长 AB，这实际上就是换面法的原理。作图时，分别过 a_3、b_6 做 a_3b_6 的垂线，并在垂线上按比例尺分别截取标高数 3 和 6，可得 A 和 B，AB 即为实长。AB 与 a_3b_6 间的夹角即为倾角 α，如图 5.4 所示。

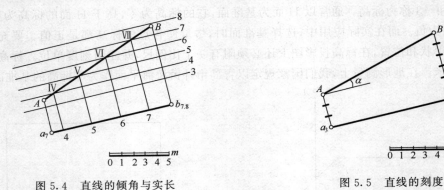

图 5.4 直线的倾角与实长   图 5.5 直线的刻度

直线的刻度就是直线标高投影上具有整数标高的点，如图 5.5 所示。在任意位置处做一组与 $a_{3.7}b_{7.8}$ 平行的等距线，并把最靠近 $a_{3.7}b_{7.8}$ 的一条标高线作为控制标高线，即标高为 3 的整数标高线，其余依次为 4～8 标高线。分别过点 $a_{3.7}$ 和 $b_{7.8}$ 做 $a_{3.7}b_{7.8}$ 的垂直线，在垂直线上分别按比例找出标高为 3.7 和 7.8 的 A、B 两点。连接 AB，可得到与整数标高线的交点

Ⅳ、Ⅴ、Ⅵ、Ⅶ。过这些点分别向 $a_{3.7}b_{7.8}$ 做垂线,垂足点 4、5、6、7 即为 $a_{3.7}b_{7.8}$ 标高投影上的整数标高点,这即为直线的刻度。不难看出,如果在开始所做的一组等距线的间距按所给比例尺取 1 个单位,则可同时得到实长 AB 和倾角 α,如图 5.6 所示。

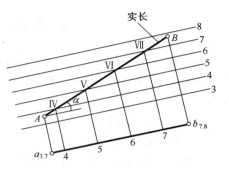

图 5.6 直线的刻度、倾角与实长

2.2 直线的坡度与平距

直线的**坡度** i 是指直线上两点的水平距离为 1 单位时的高差,即:

$$坡度(i) = \frac{高度差(H)}{水平距离(L)} = \tan\alpha$$

直线的**平距** l 是指直线上两点的高度为 1 单位时的水平距离。即:

$$l = \frac{L}{H} = \cot\alpha$$

由此可见,直线的坡度与平距互为倒数。即:

$$l = \frac{1}{i}$$

【**例 5.1**】 如图 5.7(a),已知直线的标高投影,B 点在直线上且标高为 4,做出 B 点的标高投影。

【**分析**】 图 5.7(b)所示,A、B 两点的高差:$H = 7 - 4 = 3$

直线的平距:$l = \dfrac{1}{i} = 3$

A、B 两点的水平距离 $L = H \times l = 3 \times 3 = 9$

【**作图进程**】

自 a_7 顺箭头方向按比例量取 9 个单位,即得 B 点的标高投影 b_4。

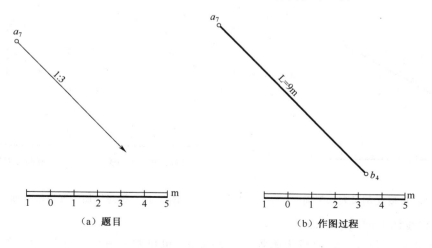

（a）题目   （b）作图过程

图 5.7 求作 B 点的标高投影

任务三　平面的标高投影

要用标高投影表示一个平面,可通过不在一直线上的三个点、一直线和线外一点、两相交直线或平行直线的标高投影来表达。但在实际应用中多以以下几种方式表示平面的标高投影:

(1)不共线三点表示平面,如图 5.8 所示。

(2)用坡度比例尺表示平面

如图 5.9 所示,一个平行四边形 $ABCD$ 表示平面 P,AB 位于基准面 H 上。现以一组平行于 H 且相距为一个单位的水平面截切平面 P,则可得到 P 面上一组水平线 Ⅰ—Ⅰ、Ⅱ—Ⅱ等,它们在 H 上的投影 1—1、2—2 等称为等高线。显然,这些等高线相互平行且间隔相等,这个间隔称为平面的间距。有一组等高线的水平投影和间距即可确定平面的空间位置,但我们还可以再做进一步的简化。在平面 P 上任意找一条最大斜度线(即坡度线)EF,它的水平投影为 ef,它垂直于所有等高线。直线 ef 的刻度就是平面的间距,我们把标有刻度的坡度线 ef 标注为 P_i,称为平面 P 的坡度比例尺。显然坡度比例尺 P_i 可以唯一确定平面 P,如图 5.10 所示。

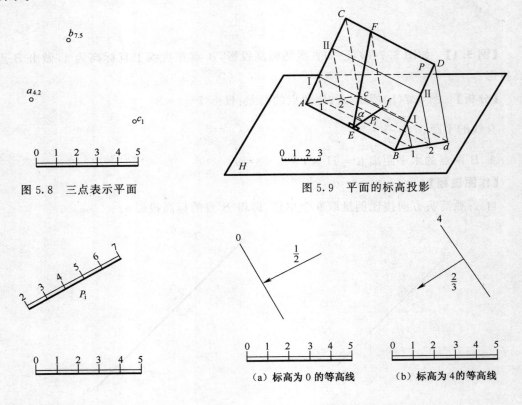

图 5.8　三点表示平面

图 5.9　平面的标高投影

图 5.10　坡度比例尺表示平面

图 5.11　等高线加坡度表示平面

(a)标高为 0 的等高线　　(b)标高为 4 的等高线

(3)等高线加坡度表示平面

平面上任意一条等高线的投影附加一个坡度值,也可唯一确定一个平面。如图 5.11 所示。其中带有坡度值的坡度线垂直于等高线,箭头表明了下坡方向。

【例5.2】　已知一平面Q由$a_{4.2}$、$b_{7.5}$、c_1三点所给定,如图5.12(a)所示,试求出平面Q在三点范围内的等高线及坡度比例尺Q_i。

【分析】　只要做出平面上任意两条线的刻度,连相同刻度点即为等高线,作等高线垂线即可得坡度比例尺Q_i,如图5.12(b)所示。

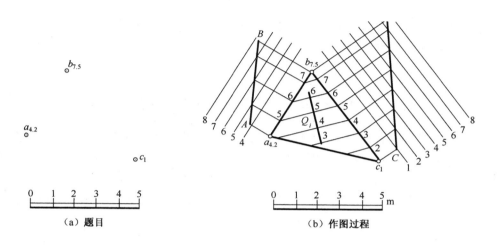

图5.12　求平面Q上等高线及坡度比例尺Q_i

【作图步骤】

(1)分别做出$a_{4.2}b_{7.5}$线、$b_{7.5}c_1$线的刻度。

(2)连接两线上刻度相同的点即为Q面上的等高线。

(3)在适当位置作等高线的垂线即可得到刻度比例尺Q_i。

【例5.3】　需要在标高为5的水平地面上,堆筑一个标高为8的梯形平台。堆筑时,各边坡的坡度如图5.13所示,试求相邻边坡的交线以及边坡与地面的交线(即施工时开始堆砌的边界线)。

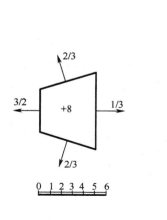

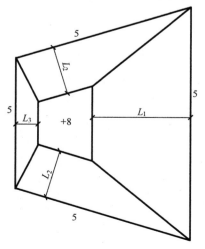

图5.13　梯形平台的标高投影

【作图步骤】

(1)求各边坡标高为 5 的等高线。先求等高线之间的距离 L 和各边坡的间距 $l_{1/3}$、$l_{2/3}$、$l_{3/2}$。

$$L = l \times H; \quad l = \frac{1}{i}; \quad H = 8 - 5 = 3$$

$$L_1 = 3 \times 3 = 9; \quad L_2 = 3/2 \times 3 = 4.5; \quad L_3 = 2/3 \times 3 = 2$$

(2)按求得的等高线之间的距离作出各边坡的等高线,它们分别平行于平台各边。相邻边坡的交线就是它们的相同标高等高线的交点连线。标高为 5 的四根等高线就是各边坡与地面的交线。

任务四　地面的标高投影

山地是不规则曲面,如图 5.14 所示,假想用一系列高差相等的水平面截切地形面,就可以得到一组高程不同的等高线。画出这些等高线的水平投影,并注明每条等高线的高程和画图比例,就得到了地形面的标高投影。这样的图称为**地形图**。地形图上等高线高程数字的字头按规定指向上上坡方向。相邻等高线之间的高差称为**等高距**,图中等高距为 5 m。

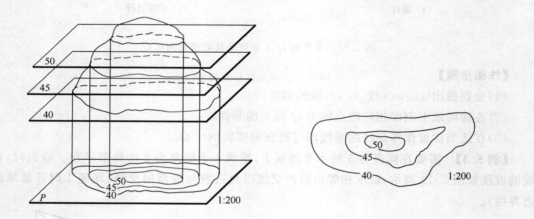

图 5.14　地面标高投影

另外还要掌握基本地形的等高线特征,山丘、山谷、山脊、鞍地等属于基本地形。山丘是指山体的最高部分,其等高线是环状,环形越小,标高越大。高于两侧并连续延伸的山地称为山脊,等高线的凸出部分指向下坡方向。低于两侧并连续延伸的山地称为山谷,等高线的凸出部分指向上坡方向。鞍地是两山峰间的低洼部分,呈马鞍形,如图 5.15(b)所示。

以一个铅垂面截切山地之后,截交线所围成的平面图形,叫做山地的断面图。通常将断面设置为正平面,如图 5.15(a)所示。作山地的断面图,可先按比例尺作一系列整数等高线,然后从断面位置线 I-I 与地面等高线交点作竖直线,在相应的水平标高线上定出各点,再平滑连接起来。断面处山地的起伏情况,可以从该断面上形象的反映出来。

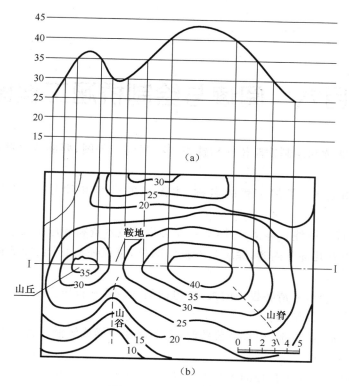

图 5.15　山地的标高投影

1. 什么是标高投影的三要素？
2. 直线的坡度与平距是什么关系？

项目六　阅读与绘制桥涵工程图

本项目主要是阅读和绘制铁路桥涵和铁路隧道洞门工程图,要阅读这些图样一般遵循以下步骤:

(1)首先阅读标题栏,了解工程的名称、本图纸的内容和编号、制图的比例和有关日期等。

(2)阅读说明(或称附注),弄清尺寸单位、相关设计技术资料和施工要求等。

(3)弄清本图中有几部分内容,除了基本投影图外,可能还有详图、局部构造图,还会有工程数量表和说明等内容。

(4)以立面图为主导,弄清各投影的关系,包括剖切位置和投影方向。

(5)先读大轮廓,后读细部。

铁路跨越河流、池沼、低地、山谷及公路时,需要修建桥梁或涵洞。桥涵工程图是桥涵施工的重要技术依据。

桥梁与涵洞的区别,在于孔径的大小和顶部是否有填土。孔径大于 6 m 的构造物,无论顶部是否有填土,一律称为桥;孔径小于 6 m,顶部没有填土时,也称为桥;孔径小于 6 m,且顶部有填土的结构物称为涵洞。

任务一　桥梁工程图

桥梁由两部分组成,如图 6.1 所示。

(1)上部结构(桥跨结构):是墩台以上桥跨部分的总称,如梁或拱。

(2)下部结构:包括桥墩、桥台及墩台下面的基础。

桥梁工程图主要包括:桥址平面图(桥位图)、桥梁总体布置图(全桥布置图)、桥墩图、桥台图、桥跨结构图、钢筋布置图及工程数量表,有时还有桥上附属设备图等。本任务只介绍桥址平面图、总体布置图、桥墩图和桥台图。

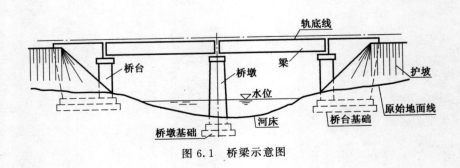

图 6.1　桥梁示意图

1.1 桥址平面图

桥址平面图(又称桥位图或桥址地形平面图),主要表示桥梁的平面位置,桥址的地形、地质和地物等情况,以及桥梁与线路的相对位置等,如图 6.2 所示(见附图)。从图中可以看出,桥的西北地势较高,最高点标高为 1 619.42 m。

1.1.1 图 例

桥涵工程图中使用的图例,均应符合中华人名共和国铁道部批准的标准《铁路线路图例符号》(TB1419-1981)的规定。如果采用部颁标准以外的补充图例,在图中应附图例表说明。表 6.1 是 TB1419-1981 的摘录。

1.1.2 桥址平面图

从图 6.2 所示的桥位平面图标题栏可以了解到,该图全称为 DzK21+895.4-32 m 预应力混凝土梁桥桥址平面图,图号为兰青施桥-06-2,比例为 1:500。所表达的详细内容如下:

1. 地形

用等高线表示地形的起伏,该桥位两侧为山体,最高标高为 1 619.42 m。

2. 地质

用地质柱状图表明桥址所在地区的地质情况。图中有三个地质柱状图:位于西北侧的地质柱状图表明此处的地表层 1.0~7.4 m 为砂质黄土,往下 1.0~2.0 m 为卵石土,再往下为泥岩和砂岩;位于西侧桥台台前的地质柱状图表明此处地表层 0.5~5.5 m 为砂质黄土,往下为泥岩和砂岩;位于东南侧的地质柱状图表明此处地表层 1.0~6.6 m 为砂质黄土,往下依次为粉砂层、卵石土层、砂岩层和泥岩层。

线路上共设有五个钻孔,钻孔编号分别为 D1Z-160、D1Z-161、D1Z-162、D1Z-163、D1Z-164。

3. 地物

桥梁斜跨达家河,线路两侧山地为旱地,有少量灌木林。在桥梁的西南侧有两个温室。

4. 线路和桥梁

桥址平面图中,用一条粗实线表示线路,线路的起点端(A 地)在图纸右边,终点端(B 地)在图纸的左面。桥梁用桥墩基顶剖面图、桥台的基顶平面图(或桥台平面图)表示,选用与地形图相同的比例,不标注尺寸,但需注明桥墩里程、桥台的台前台尾里程以及桥梁的中心里程。从图中可以看出其里程分别为 DzK21+823.97、DzK21+829.52、DzK21+862.28、DzK21+895.00、DzK21+927.72、DzK21+960.48、DzK21+966.03,而 $\frac{DzK21+895}{4-32\ m\ 预应力混凝土梁桥}$ 则说明桥梁的中心里程为 DzK21+895,该桥为 4 跨,每跨跨度为 32 m。主桥部分总长(起点至终点台尾)为 142.06 m。

5. 线型

桥墩台、主等高线及河堤线采用粗实线;次等高线采用细实线;柱状图外框为中实线,分层线为细实线;其他附属物(如温室)采用中实线。

表 6.1　常用图例

名　称	图　例	名　称	图　例
竹林 (1)成片的 (2)狭长的	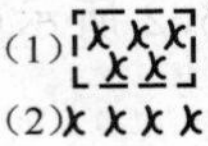	新建铁路 (1)第一线 (2)暂不施工的第二线 (3)双线一次施工	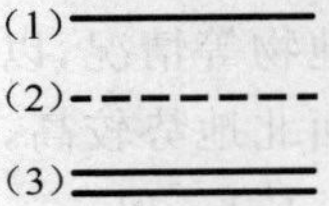
疏林	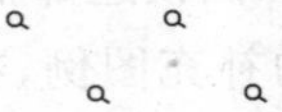	新建铁路 (1)正线 (2)比较线	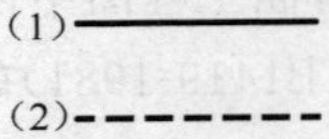
耕地 (1)水稻田 (2)水浇地 (3)旱地	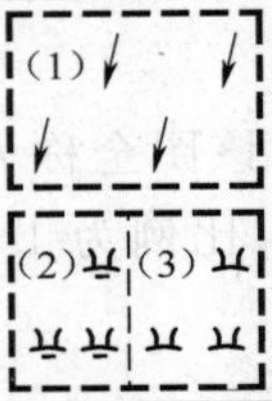	河流 溪流 湖泊 池塘	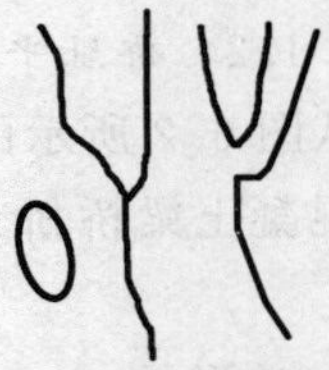
黏土	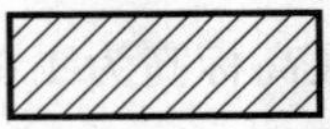	卵石	
砂黏土	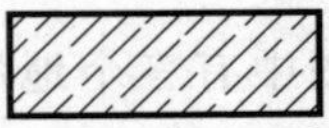	块石	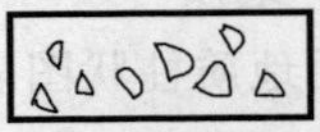
黏砂土	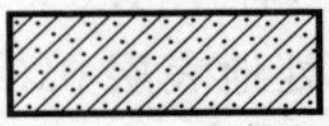	砂浆	
粉、细、中粗砾砂	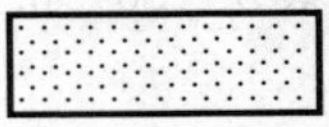	石灰岩	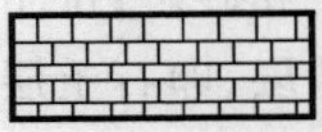
圆砾石土壤	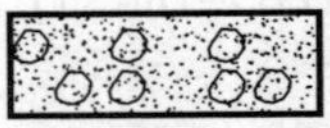	泥灰岩	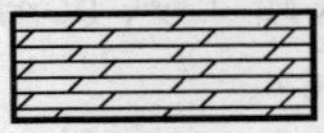
角砾石土壤		花岗岩	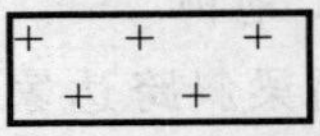
泥岩	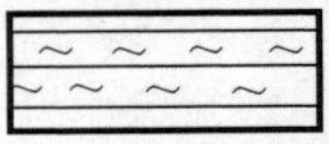	砂岩	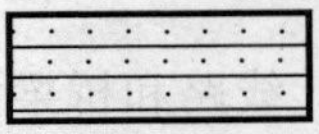
粉质黏土	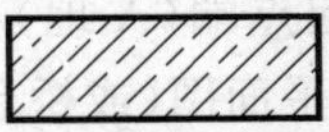	粉土	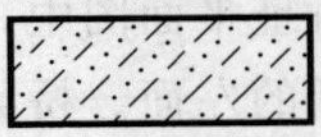
砂质黄土	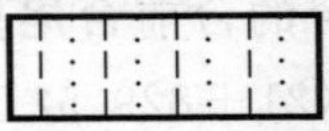	地下水位线	
第四系全新统	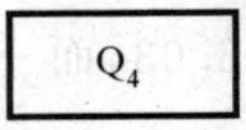 Q_4	第四系上更新统	 Q_3

1.2　桥梁总体布置图

　　桥梁总体布置图是简化了的全桥主要轮廓的投影图。它通常包括立面图、基顶平面图、工程数量表和说明等内容。如图 6.3 所示(见附图)是一座四孔、总长 142.06 m 的桥。现以此桥为例说明桥梁总体布置图的内容。

1. 立面图

立面图是由垂直于线路方向向桥孔投影得到的正面投影图,它反映了全桥的概貌。

具体内容如下:

(1)表明桥梁的长度(142.06 m)、孔数(4)、孔径(32.60 m)、净空、线路坡度(2.5‰)等。

(2)桥墩台及其基础的形式和它们的立面尺寸。

(3)桥台胸墙至桥墩中心的距离(3 276 mm)、相邻桥墩中心间的距离(3 272 mm)及台与梁、梁与梁间,缝的距离(分别为 10 mm 和 12 mm)。

(4)表明了地面线、水位线、地质资料和基础埋置深度等。

(5)用台尾、台前和桥梁中心里程表明桥梁与线路关系。注明轨底标高、路肩标高、顶帽垫石标高、基底标高等。

2. 平面图

平面图画成基顶剖面图,它是由水平的剖切平面沿着每一个墩、台的墩(台)身与基础顶相接处剖切所得到的剖面图。图中不需要注明剖切位置。该平面图有时用半平面及半基顶剖面图表示。

无论桥梁设置在线路的直线还是曲线上,在桥梁总体布置图的平面图中,线路中心线均画成由左至右的一条水平直线。如图 6.3 所示,该桥梁设置在线路的曲线上,桥墩基顶中心线与线路中心线不重合,这时注明了桥墩基顶中心线与线路的横向位置关系。图中各墩台的纵向位置与立面图对正。

桥墩台的基顶平面图表明了桥墩台及基础的类型和平面尺寸。

3. 原始地面资料表

此表分为两栏,与立面图等长,是桥梁范围内线路中心纵剖面原始地面的高程和线路里程资料。其中纵横向比例均为 1:500。

4. 工程数量表

如图 6.3 所示的工程数量表。给出了各项工程名称及材料、数量等。

5. 曲线布置示意图

(1)内容

①曲线半径 、曲线长度。

②直缓点(ZH)、缓圆点(HY)、圆缓点(YH)、缓直点(HZ)、起点里程、终点里程。

③台前、台尾及各桥墩中心里程。

④桥跨长度、偏角及外失距 E(曲线中点到两切线交点的距离)、梁与梁间距及台与梁间距(如图 6.3 中的 12、、10)。

(2)线型

设计中心线及曲线使用中粗线,其余同前所述。

6. 附注说明

在桥梁总体布置图中,需要附有对全桥技术资料及施工要求的说明,如图 6.3 所示。

7. 线型要求

梁、墩、台及基顶平面图轮廓线为粗实线,钻孔桩为中实线,设计轨底线为中虚线,地面线为中实线,其他按相关规定执行。

1.3 桥墩图

1.3.1 桥墩的构造

桥墩是桥的重要组成部分之一,它起着中间支承作用,将梁及梁上所受的载荷,通过桥墩传递给地基。

桥墩的类型一般以墩身的断面形状来划分,如图6.4所示,常见的有圆形桥墩、矩形桥墩、尖端形桥墩、桩柱式桥墩和圆端形桥墩等。

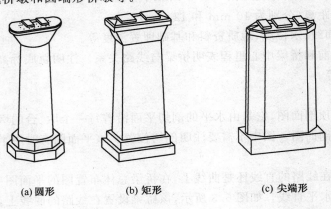

(a) 圆形   (b) 矩形   (c) 尖端形

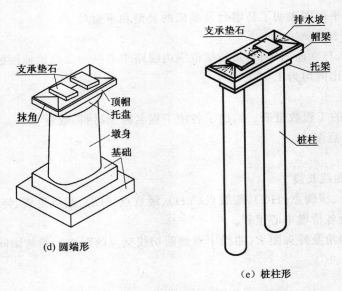

(d) 圆端形

（e）桩柱形

图 6.4　桥墩类型及构造

桥墩是由基础、墩身和墩帽三部分组成。基础是桥墩的底部,一般埋在地面以下。墩身是桥墩的主体,一般是上小下大。墩帽在桥墩的上部,是由顶帽和托盘两部分组成,顶帽上部有抹角、排水坡及用于架梁的支承垫石。

1.3.2 桥墩图

桥墩图一般包括桥墩总图、墩帽构造图和墩帽钢筋布置图。本节只阅读桥墩总图和墩帽构造图。

1. 桥墩总图

桥墩总图一般包括正面图、平面图、侧面图和说明等内容,如图6.5所示。必要时,也可有主要断面或变化断面的断面图。为了能够完整、清楚地表达桥墩,三个投影均采用了半剖面图。

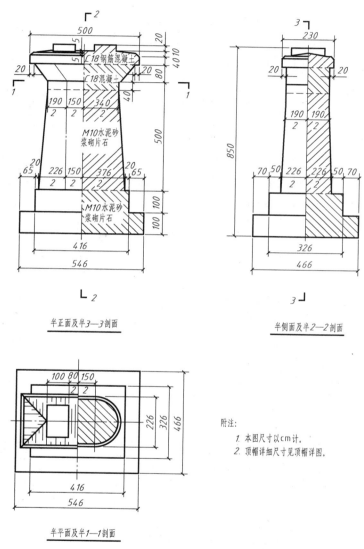

半正面及半3—3剖面   半侧面及半2—2剖面

半平面及半1—1剖面

附注:

1. 本图尺寸以cm计。

2. 顶帽详细尺寸见顶帽详图。

图6.5 桥墩总图

(1)正面图 桥墩正面图是沿线路方向投射而得到的。左面半正面表达桥墩的正面形状,右面半3-3剖面表达基础、墩身和墩帽部分的结构及相关材料。

正面图中图例符号采用45°细实线,并且注明了材料名称。各相邻部分若使用的材料不同,则以不同方向的剖面线加以区分。而材料分界线则以虚线表达。

(2)平面图 左侧半平面图表达了墩帽及基础的水平形状,右侧1-1半剖面图则反映了墩身顶部的情况。

（3）侧面图 后侧的半侧面图表达了整个桥墩的侧面形状,而前侧 2-2 半剖面图则反映了从侧面看过去的桥墩结构及材料。

从桥墩总图可以分析出:

基础分为上下两层,每层高度为 100 cm,上层为 326 cm×416 cm,下层为 466 cm×546 cm。

墩身每个截面均为圆端形,上顶两圆端直径为 ϕ190 cm,矩形为 190 cm×300 cm,下底两圆端直径为 ϕ226 cm,矩形为 226 cm×300 cm。即墩身两端为两个半圆台,中间为一四棱柱。

托盘是上大下小,它由两个直径为 ϕ190 cm 的半斜圆柱和一个底面为梯形的四棱柱组成。

顶帽除去上部构造,其基本部分是厚度为 40 cm,底面为 230 cm×500 cm 的四棱柱。

2. 墩帽构造图

由于桥墩总图的比例较小,墩帽部分的细节不易表达清楚,所以一般选用较大的比例另外画出墩帽构造图。图 6.6 所示为墩帽构造示意图。图 6.7 所示为墩帽构造图,它由正面图、平面图、侧面图和两个断面图组成。

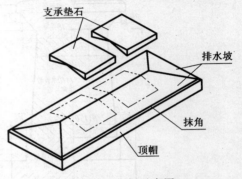

图 6.6 顶帽示意图

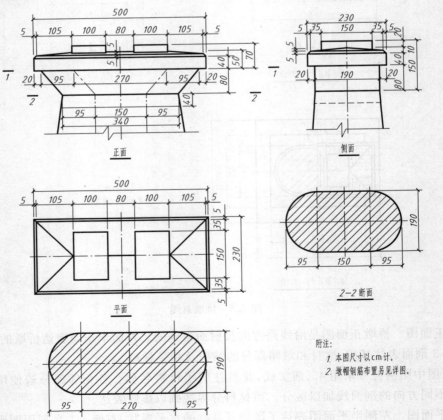

附注:
1. 本图尺寸以 cm 计。
2. 墩帽钢筋布置另见详图。

图 6.7 墩帽构造图

正面图和侧面图均采用折断画法,主要表达墩帽的正面、侧面构造及尺寸。其中斜圆柱与梯形四棱柱的界线以点划线画出(或可以看成是斜圆柱的轴线)。

平面图只表达顶帽以上结构的平面形状和尺寸。

断面图则表达了托盘上下两个底面的形状和尺寸。

3. 桥墩图对图线的要求

可见轮廓线用粗实线,不可见用中虚线,不同材料的分界线用中虚线,其他均按《国标》规定执行。

1.4 桥 台 图

桥台是桥梁两端的支柱,除支撑梁上的荷载外,还起阻挡路基端部填土发生滑移的作用。

桥台按台身水平断面的形状分类,常见的有 T 形桥台、矩形桥台、十字形桥台和 U 形桥台,如图 6.8 所示。

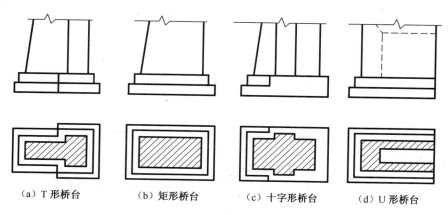

（a）T 形桥台   （b）矩形桥台   （c）十字形桥台   （d）U 形桥台

图 6.8 桥台的分类

1.4.1 桥台的构造

以图 6.9 所示的 T 形桥台为例,可以看出桥台一般由基础、台身和台顶三部分组成。

1. 基础

桥台的下部为基础,成台阶状,每一阶断面多为 T 形或矩形,阶数受荷载和地质条件影响,材料一般为水泥砂浆砌片石或混凝土(砼)。

2. 台身

桥台基础以上、顶帽以下的部分为台身。我们习惯从台头台尾两端去观察桥台,故前面加宽的部分是前墙,后面较窄部分为后墙,前墙端面称台前,后墙端面称台尾。使用材料一般为水泥砂浆砌片石或砼。

3. 台顶

台顶由前后两部分组成。前面部分构造与墩帽相同,使用材料为钢筋混凝土。后面部分是道砟槽,其构造示意图如 6.10 所示。道砟槽前后是端墙,两侧是挡砟墙,中间是一凹槽。凹槽向两边排水,在挡砟

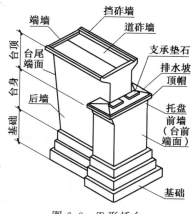

图 6.9 T 形桥台

墙的下部设有泄水孔。端墙与挡砟墙连接处的构造如图 6.11 所示。道砟槽使用的材料为钢筋混凝土。

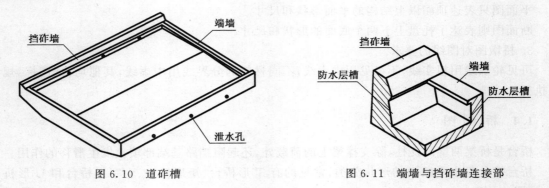

图 6.10　道砟槽　　　　　　　　　　　图 6.11　端墙与挡砟墙连接部

1.4.2　桥台图

桥台图一般包括桥台总图、台顶构造图、顶帽及道砟槽钢筋布置图等。本节只阅读桥台总图和台顶构造图

1. 桥台总图

如图 6.12 所示,桥台总图是由侧面图、半平面和半基顶剖面图、半正面和半背面图组成。

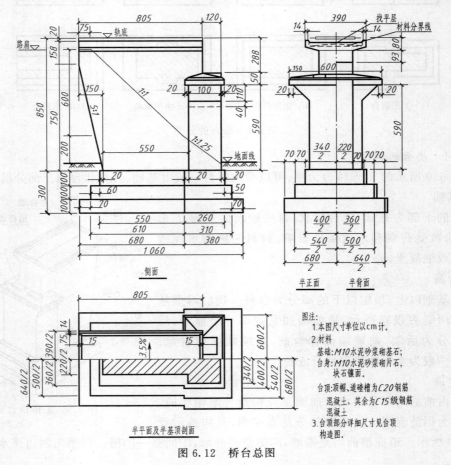

图注:
1. 本图尺寸单位以 cm 计。
2. 材料
　基础:M10 水泥砂浆砌基石;
　台身:M10 水泥砂浆砌片石,
　块石镶面。
　台顶:顶帽、道砟槽为 C20 钢筋
　　　　混凝土,其余为 C15 级钢筋
　　　　混凝土
3. 台顶部分详细尺寸见台顶
　构造图。

图 6.12　桥台总图

桥台总图主要表示桥台的总体形状和尺寸、各个组成部分之间的相对位置、桥台与路基及两边的锥形护坡之间的关系,并说明各组成部分所用的材料。

（1）侧面图　它是从桥台侧面与线路垂直的方向投射而得到的,由于能够较好地表达桥台的外形特征,并反映出钢轨底面及路肩的标高,因而将其安排在正投影图的位置上。基本内容如下:

①给出轨底线以确定线路与桥台的关系。轨底到台顶的距离为 20,到顶帽垫石的距离为 300。

②用细实线绘出锥体护坡与桥台交线,表示桥台嵌入路基;其锥体护坡的坡度为 1:1 和 1:1.25,最下端桥台以外为地面线。

③确定了路基与桥台的相对位置关系,路基上部路肩伸入桥台 75 cm。

④表达了桥台侧面各尺寸。

（2）半平面及半基顶剖面图　半平面主要表示道砟槽和顶帽的平面形状及尺寸。半基顶剖面图是沿基础顶面剖切而得到的剖面图,它主要表示台身底面和基础的平面形状及大小。

（3）半正面和半背面图　从桥孔顺着线路的方向投射桥台得到的图叫正面图或正面,从路基顺着线路的方向投射桥台得到的图叫背面图或背面。由于桥台的正面图和背面图都是沿中心线对称的,所以各画一半,组合在一起,中间用细点画线分开。半正面和半背面图同时表达了桥台两个方向的形状和大小尺寸,在此图上还常用细双点画线示出道砟和轨枕,而桥头路基及锥体护坡一律省略不画。

另外,在桥台总图中还需要加上必要的附注以交代图中的尺寸单位、桥台各部分的建筑材料、有关设计和施工中应注意的事项等等。

2. 台顶构造图

台顶构造较为复杂,常用较大比例单独画出。台顶构造图主要用来表示顶帽和道砟槽的构造。图 6.13 所示的是 T 形桥台的台顶构造图,它包括 1-1 剖面图、半正面和半 2-2 剖面图、半平面图和两个详图。

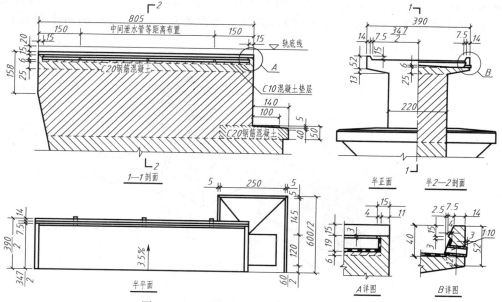

图 6.13　T 形桥台台顶构造图(单位:cm)

1-1 剖面图是沿桥台对称面剖切而得到的全剖面图。主要用来表示道砟槽的构造、泄水管和轨底的位置,以及台顶各部分所使用的材料。图中虚线是材料分界线。

半正面及半 2-2 剖面图主要表示道砟槽的形状和尺寸以及台顶的正面和背面的形状。

平面图主要表示道砟槽和顶帽的平面形状和尺寸,以及槽底的横向排水坡度等,由于平面图前后对称,所以采用简化画法仅画出一半。

A 详图主要表示道砟槽端墙的形状和尺寸。道砟槽底面及四个侧面的防水层在图中用双线间画有黑白相间的符号来表示。

B 详图主要表示道砟槽的断面形状和尺寸、泄水孔和防水层的位置等。如泄水孔外露 3,坡度为 1:10。

在 1-1 剖面图和半正面半 2-2 剖面图中,用细线画出圆圈并分别标出相应的字母 A 和 B 以表明 A、B 详图在构造图中的位置。

3. 桥台图对图线的要求同桥墩总图

任务二　涵洞工程图

涵洞是埋设在路堤下面、用来排泄小量水流或通过小型车辆、行人和动物的长条形建筑物,涵洞的轴线方向一般与路堤垂直。

2.1　涵洞的类型与构造

涵洞按其断面形状和结构形式分成拱涵(图 6.14)、盖板箱涵(图 6.15)和圆涵(图 6.16)等。各种类型涵洞的组成部分基本相同,都主要由洞身、洞口两部分组成。下面以图 6.14 所示的入口抬高式拱涵为例介绍涵洞的构造及表达方法。

拱涵是常见的一种涵洞,洞口的两端部分叫做出、入口。洞身埋在路基内,为了防止由于地基沉降而引起的线路变形,故在长度方向上分为若干节,也称为洞身节。各节之间有宽 3～5 cm 宽的沉降缝,沉降缝中填塞防水材料,洞身上部覆盖有 30～50 cm 的防水层和黏土保护层。

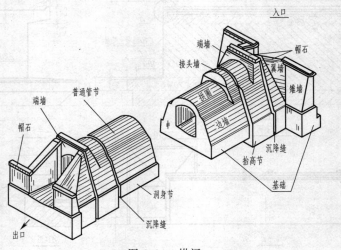

图 6.14　拱涵

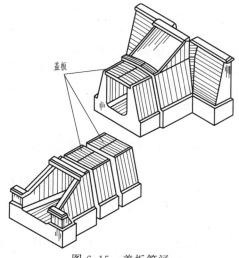

图 6.15　盖板箱涵

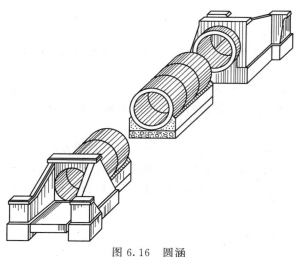

图 6.16　圆涵

1. 洞身节

涵洞洞身由若干管节所组成。在入口处第一管节为提高管节(也有不设提高管节的)它由基础、边墙、拱圈和端墙组成。中间为普通管节。因提高管节与普通管节的高度不一致,因此,与提高管节相邻的普通管节设有接头墙。各管节彼此之间用沉降缝断开。

管节由基础、边墙和拱圈组成,每节 3～5 m 长。基础是长方体;边墙是两个平放的五棱柱,位于基础上面的两边;拱圈是等厚度的圆拱,两端底部叫拱脚,拱脚与边墙上部的一个表面相重合,而该重合面所在平面通过拱圈的轴线。对于箱涵,拱圈即为盖板。

2. 出口和入口

涵洞出口和入口的构造基本相同,只是各部分尺寸大小不同。根据出、入口构造不同,我们也通常把涵洞分为翼墙式和端墙式两类。出入口是由基础、翼墙、雉墙及其上面带有抹角的帽石组成;而端墙式出入口是由基础、端墙和端墙上带有抹角的帽石组成。翼墙式多用于汇水范围大的情况,而端墙式多用于汇水范围小的情况。

2.2　涵　洞　图

涵洞图一般包括涵洞总图和出入口铺砌图。若为盖板箱涵,还应有盖板钢筋布置图。必要时还可有较大比例的出入口构造图。本节只介绍涵洞总图。

如图 6.17 所示,涵洞总图一般由中心纵剖面图、半平面半基顶剖面图、出入口正面图以及剖面图等组成。此涵洞没有设提高节。

1. 中心纵剖面图

中心纵剖面图是沿涵洞中心线剖切后得到的正面全剖面图。若涵洞较长,洞身节构造相同时,可以采用折断画法。该图主要表达了以下内容:

(1)表达涵洞出入口基础、翼墙、雉墙、帽石的形状、尺寸及材料。

(2)洞身节的纵剖面形状、节长、节数;沉降缝的位置和缝宽。如图中洞身节长为 400 cm,出入口两端管节为 250 cm,洞身节节数为 $n+1$,沉降缝宽为 3。

(3)管节连接部和沉降缝处铺设了 50 cm 宽防水层;洞身上部覆盖黏土层为 20 cm。

(4)表达路基边坡和洞口地面铺砌情况。如图中路基边坡坡度为 1:1.5,地面铺砌为干砌片石,厚度为 25 cm。

(5)指明了出入口方向。

2. 半平面半基顶剖面图

半平面图就是涵洞除去上面填土层的水平投影,而基顶剖面图则是沿基础顶部剖开后下部的水平剖面图。

半平面图表达了洞口、洞身节的水平投影的形状特征及尺寸,也表示出了拱圈与端墙背后斜面的交线,该交线为椭圆段。半基顶剖面图表明了端墙底面和基础底面的形状与平面尺寸。

3. 出、入口正面图

出、入口正面图,就是涵洞的右、左侧立面图。为了看图方便,将入口正面图绘制在中心纵剖面图的左边,出口正面图绘制在中心纵剖面图的右边。它们表示出入口的正面形状和尺寸、锥体护坡的横向坡度及路基边坡的片石铺砌高度等。如图中护坡坡度 1:1,路基边坡片石铺砌高度为 450 cm 和 320 cm。

4. 剖面图

对涵洞翼墙和管节的横断面形状及其有关尺寸,上述三个视图都未能反映出来,因此,在涵洞的适当位置进行横向剖切,作出剖面图。为了表示不同位置的断面形状,要画出足够的剖面图。由于涵洞前后对称,所以各剖面只需画出一半,也可把形状接近的剖面结合在一起画出,如图 6.17 中的 1—1 剖面图与 2—2 剖面图。

5. 拱圈图

表示了拱圈的形状和尺寸。

涵洞总图对图线的要求:

(1)断面图中材料分界线用粗实线;

(2)防水层用双线中画黑白相间线表示;

(3)锥体护坡与端墙的相交线为粗实线;

(4)其他同墩台图。

2.3　端墙式涵洞总图

图 6.18 给出了端墙式圆形涵洞总图,其读图方法同上节的翼墙式。

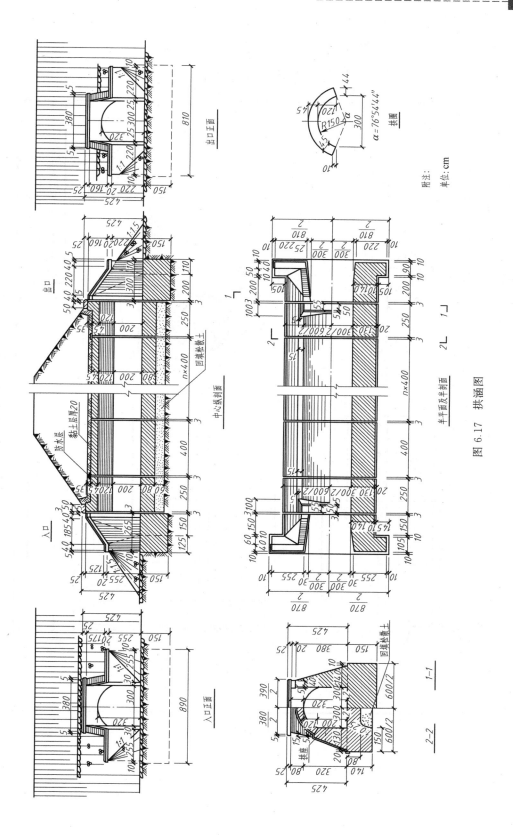

图 6.17 拱涵图

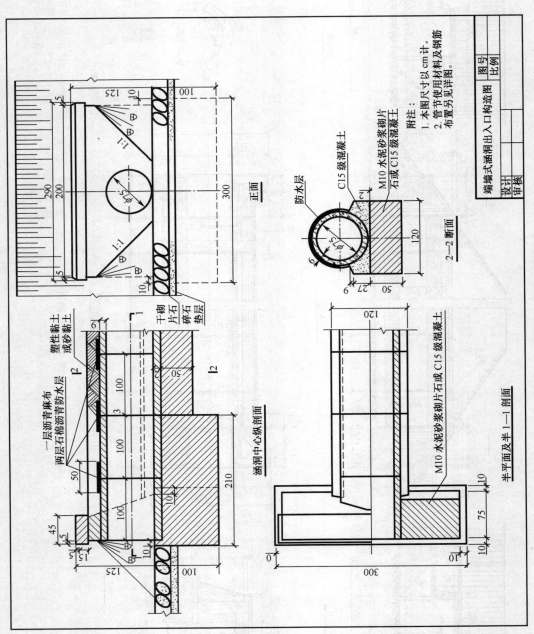

图 6.18 端墙式圆形涵洞总图

任务三 隧道洞门图

隧道主要由洞门和洞身(衬砌)两部分组成,此外还有避车洞、防水排水设施、供电设备及通风设备等。

隧道工程图包括洞门图、隧道衬砌断面图及附属设备构造图。本任务仅介绍隧道洞门图。

3.1 隧道洞门的类型及构造

3.1.1 洞门类型

洞身的两端即为洞门。根据地形地质条件和洞身衬砌的要求,隧道洞门可采用端墙式、柱式和翼墙式等类型,如图 6.19 所示。

端墙式洞门适用于地形开阔,石质基本稳定的地区;当洞口地质条件差,需在端墙式洞门的一侧或两侧加设挡墙,就应采用翼墙式洞门;当洞门地形较陡,地质条件差,布置翼墙式洞门又受地形条件限制时,可采用柱式洞门。当然,如果洞门石质坚硬稳定,其洞身也可作为洞门。

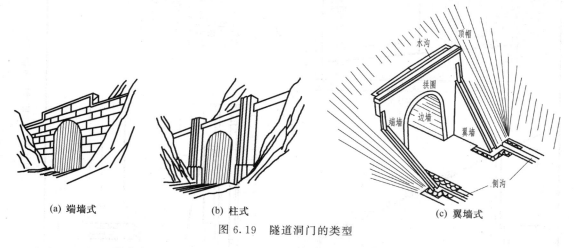

(a) 端墙式　　　　　　　(b) 柱式　　　　　　　(c) 翼墙式

图 6.19　隧道洞门的类型

3.1.2 洞门基本构造

下面以翼墙式隧道洞门为例,说明其各部分的构造。

翼墙式隧道洞门主要由洞门端墙和翼墙组成。

端墙是用来保证仰坡稳定,并使仰坡上的雨水和落石不致掉到线路上。它以 1∶10 的坡度向洞身方向倾斜。在端墙顶的后面,设有排水沟,其两端也有挡水短墙,其底部有排水孔。端墙顶上有顶帽,中下部是洞身衬砌,包括拱圈和边墙。

翼墙可以起到保证洞门两侧稳定、支撑端墙稳定和排水作用的。翼墙上设有排水沟。

洞门处排水系统的构造比较复杂。隧道内的地下水通过排水沟流入路堑侧沟内,洞顶地表水则通过端墙顶水沟、翼墙排水沟流入路堑侧沟。

3.2 隧道洞门的表达

现以图 6.20 所示的端墙式隧道洞门图为例了解洞门图的内容及读图方法。

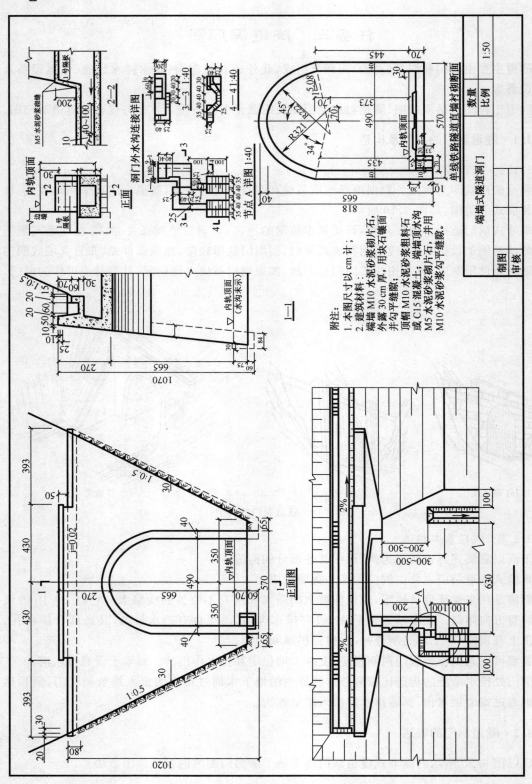

图 6.20 端墙式隧道洞门图

1. 正面图

正面图是沿着线路方向对着隧道门进行投射而得到的。它表示洞门衬砌的形状和主要尺寸、端墙的高度和长度、端墙与衬砌的相互位置、端墙顶水沟的坡度、翼墙倾斜度、翼墙排水沟和洞内排水沟的位置及形状等。

2. 平面图

平面图仅需画出洞门外露部分的投影,主要表示洞门处所有排水系统的情况。

3. 剖面图

1—1 剖面图是沿着隧道中心线剖切而得到的,它表示了端墙的厚度和倾斜度,端墙顶水沟的断面形状和尺寸,翼墙顶排水沟仰坡的坡度,轨顶标高和拱顶的厚度;2—2 和 3—3 剖面图表达了内外侧沟构造;4—4 剖面图则表达了路堑侧沟构造。

4. 排水沟的详图

为了表达排水沟的详细情况,需用较大比例绘制排水沟详图。

将上述图样结合起来,则可以分析各部分的形状和尺寸。

(1)端墙 从立面图和 1—1 剖面图中可知,洞门端墙是一堵靠山倾斜的墙,其坡度为 10∶1。端墙长度为 1 646 cm,墙厚在 1—1 剖面图中示出,沿水平方向为 60 cm。

(2)端墙顶水沟,由立面图可知水沟是向一侧倾斜的,坡度 $i=0.02$,箭头表示下坡方向,沟的深度为 40 cm。结合平面图可知,端墙顶水沟的一端有厚为 30 cm 的短墙,用来挡水,短墙高为 80 cm。

(3)侧沟 为了表达洞内外水沟的结构,图上画出了隧道内外侧沟的连接图。看图时注意各图的比例不同。

洞内侧沟的水先流入汇水池,然后再从路堑侧沟排走。从 A 详图中可以看出,洞内侧沟的水是经过两次直角转弯后流入洞外侧沟的,侧沟的断面形状是矩形。内外侧沟的底在同一平面上,但洞内侧沟边墙较高。由 3—3 剖面图可以看出,在洞口处侧沟边墙高度变化的地方,水沟宽 40 cm,洞内沟深为 1 030-300=73 cm,洞外沟深为 28 cm。沟上部均有钢筋混凝土盖板。在洞口处侧沟边墙高度变化的地方有隔板封住,以防道渣掉入沟内。4-4 剖面图表明了路堑侧沟的断面形状和尺寸。右边一半表明靠近汇水池处的铺砌情况,而左边一半则表示离汇水池较远处的铺砌情况。

端墙顶帽的三边均为 10 cm×10 cm 的抹角。

复习思考题

1. 桥址平面图表达的主要内容是什么?
2. 桥梁总体布置图之立面图、平面图是如何得到的?
3. 桥梁总体布置图之立面图中应标注哪些主要标高?
4. 国标对桥墩图、桥台图的线型都有何要求?
5. 常见的隧道洞门类型有哪些?分别适用的地质条件是什么?
6. 隧道洞门剖面图是如何得到的?主要表达什么内容?

项目七　阅读与绘制房屋施工图

任务一　认识房屋基本构造

1.1　房屋的组成及其作用

房屋建筑按它们的使用功能不同,一般可分为:

(1)工业建筑,如钢铁厂、炼油厂、生产制造厂房等。

(2)农业建筑,如谷仓、农机站等。

(3)公共建筑,如学校、医院等。

(4)居住建筑,如住宅、宿舍等。

(5)各种不同的建筑物,虽然它们的使用要求、空间布局、表现形式、规模大小等不尽相同,但它们的主要组成部分是大致相同的,都是由基础、墙或柱、楼面与地面、屋顶、楼梯和门窗等部分组成,如图 7.1 所示。

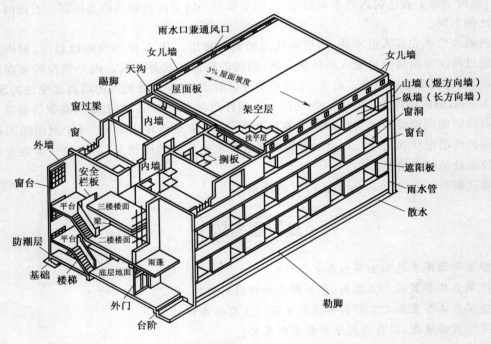

图 7.1　房屋的组成

房屋各部分均有各自的功能作用。

(1)承载部分:承担自重及上部荷载,如楼面、楼板、梁、柱、墙、基础等。

（2）抗侵蚀与干扰部分：防止风、沙、雨、雪和阳光侵蚀与干扰，如墙、雨篷、遮阳板、屋面、架空层等。

（3）通风与采光部分：如窗等。

（4）交通部分：如门、走廊、楼梯、台阶等。

（5）排水部分：如天沟（或檐沟）、雨水管、散水、明沟等。

（6）房屋开间划分部分：如内外墙等。

1.2 房屋施工图的分类

一套房屋施工图，根据内容与作用的不同一般分为：

（1）图样目录：先列新绘的图纸，后列所选用的标准图纸或重复利用的图纸。

（2）设计总说明（即首页）：施工图的设计依据；本项目的设计规模和建筑面积；本项目的相对标高与绝对标高的对应关系；室内室外的用料说明；门窗表等。

（3）建筑施工图（简称"建施"）：包括总平面图、平面图、立面图、剖面图及构造详图。

（4）结构施工图（简称"结施"）：包括结构平面布置图和各构件的结构详图。

（5）设备施工图（简称"设施"）：包括给水排水、采暖通风、电器电讯等专业设备（外线）的总平面图、平面图、立面图、系统图和制作安装详图及设备安装说明等。

1.3 房屋施工图的图示特点

（1）施工图各图样主要采用正投影法绘制。通常在 H 面上作平面图，在 V 面上作正立面图，在 W 面上作侧立面图或剖面图。这三个图样简称"平、立、剖"，主要用于表示房屋的总体布局、外部造型、内部布置、内外装修等情况，是房屋施工放线、砌筑、安装门窗、室内外装修、编制施工概预算及施工组织计划的主要技术依据。

（2）房屋形体较大，所以施工图一般都用较小的比例绘制。由于房屋内外各部分构造较复杂，在小比例的平、立、剖面图中无法表达清楚，所以还要配以大量较大比例的详图。

（3）为了做到房屋建筑图样基本统一、清晰简明、保证图面质量、提高制图效率，符合设计、施工、存档等要求，我国制定了国家标准《建筑制图标准》及《房屋建筑制图标准》，对图样的线型、比例等作了明确的规定；对建筑构配件、卫生设备、建筑材料等规定了特定的图形符号（称为"图例"）和标注符号。

任务二 建筑施工图

2.1 总平面图

将新建工程连同四周一定范围内的拟建、原有和拟拆除建筑物、地形地貌状况等用水平投影法投影而得到的图样，称为总平面图，如图 7.2 所示。它表达了房屋的平面形状、方位、朝向、界限、道路以及河流与房屋之间的相互关系和房屋与周围地貌、地物的关系。由于总平面图所包括的范围较大，通常采用较小的比例绘制，常用 1∶500、1∶1 000、1∶2 000、1∶5 000 等比例。

总平面图是新建房屋及其配套设施施工定位、土方施工及施工现场布置的依据，也是规划设计水、暖、电等专业工程总平面和绘制管线综合图的依据。

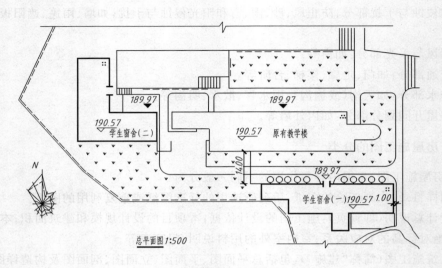

总平面图1:500

图 7.2　总平面图（单位：m）

2.1.1　总平面图图例符号

表 7.1 列出了总平面图常用图例。

表 7.1　总平面图常用图例

图　例	名　称	图　例	名　称	图　例	名　称
	新设计的建筑物右上角以点数表示层数		围墙表示砖、混凝土及金属材料围墙		公路桥 铁路桥
	原有的建筑物		围墙表示镀锌铁丝网篱笆等围墙		护坡
	计划扩建的建筑物或予留地	154.20	室内地坪标高		风向频率玫瑰图
	要拆除的建筑物	143.00	室外整平标高		指北针
	其他材料露天堆场或露天作业场	＋＋＋＋＋	露天桥式吊车		龙门吊车

其中需说明以下几点：

(1)指北针：表明房屋的朝向。圆圈直径为 24 mm，以粗实线绘制，箭尾宽为 3 mm，箭身也可以涂黑，如图 7.3(a)、(b)所示。

(2)风向频率玫瑰图：也称风向玫瑰图。是根据当地气象资料统计将十二个方向（或更多方向）年平均刮风次数的百分比以一定比例绘制而成的统计图。细实线表示年风向频率，细虚线表示夏季风向频率（按 6、7、8 三个月统计）。其中箭头所示方向或标有"N"的方向是北向，此时也有了指北针的作用，指北针即可省略不画，如图 7.3(c)所示。

(3)标高符号:表明所指点的相对高程,画法如图 7.3(d)、(e)所示。

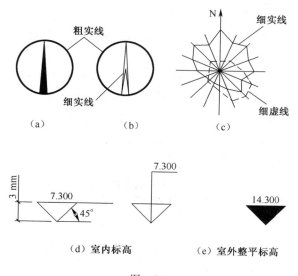

（d）室内标高   （e）室外整平标高

图 7-3

2.1.2 总平面图的基本内容及阅读

(1)从图中可以看出,新建建筑物为两栋均为四层的学生宿舍公寓楼。

(2)一号公寓纵墙距教学楼纵墙为 14.00 m,山墙距教学楼一端墙为 18.00 m。由此就确定了新建建筑物的平面相对位置。

(3)两栋公寓楼室内地面绝对标高为 190.57 m,室外平整后地坪的绝对标高为189.97 m,说明室内底层底面高出室外地面 0.60 m。

(4)一号学生公寓正门在北向,习惯上称为坐南朝北。而从风向频率玫瑰图可知,北向方位刮风次数较多,则该公寓通风条件较好,夏季更为凉爽。

(5)图中的图例绘出了地形地貌情况。若有必要可加画坐标方格或等高线。

(6)原有主要建筑物为四层的教学楼和一个学生食堂。

(7)总平面图上的坐标、标高、距离的尺寸单位均以米计,且取到小数点后两位。其绘图比例为 1:500。

(8)新建建筑物外轮廓以粗实线绘制,其它原有的、拟建的、拆除的建筑物以及地形地貌线均采用细实线或细虚线。

2.2 建筑平面图

2.2.1 建筑平面图概述

假想用一个水平剖切面沿房屋窗台以上位置通过门窗洞口将房屋剖切开,移去剖切平面及其以上的部分,绘出剩余部分的水平剖面图,称为建筑平面图。建筑平面图是表示建筑物平面形状、房间及墙(柱)布置、门窗类型、建筑材料等情况的图样,它是施工放线、墙体砌筑、门窗安装、室内装修等项施工的依据。

一般房屋有几层,就应画出几个平面图,并在图的下方注明相应的图名,如底层平面图、二层平面图等等。此外,还有屋面平面图,是房屋顶面的水平投影(对于较简单的房屋可不画)。

若上下各层的房间数量、大小和布置都一样时,则相同的楼层可用一个平面图表示,称为中间层平面图或者标准层平面图。若中间各层仅有局部不同时,可只绘出不同处的局部平面图,否则应绘出每一层的平面图。如果建筑平面图左右对称时,可将两层平面画在同一个图上,左边画出一层的一半,右边画出另一层的一半,中间用一对称符号作分界线,并在图的下方分别注明图名。

底层平面图是房屋建筑施工图中最重要的图纸之一,是施工中放线、砌墙、安装门窗以及编制预算的依据。标准层所表示的内容与底层平面图相比大致相同,区别主要在房间的布置、墙体的厚度、建筑材料和门窗的设置可能会有所不同。屋顶平面图主要表示屋面排水情况、和屋面的物体如电梯机房和烟囱等以及一些泛水、天沟、雨水口等的细部做法。

表 7.2 为建筑平面图中常见的部分建筑图例。

表 7.2　建筑平面图常用图例

图　例	名　称	图　例	名　称
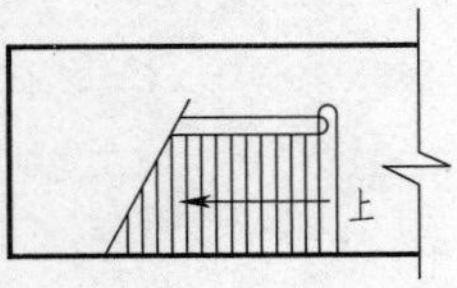	底层楼梯		空门洞 单扇门
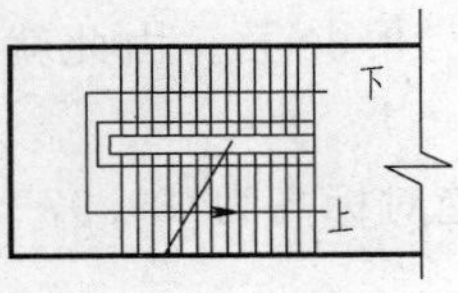	中间层楼梯	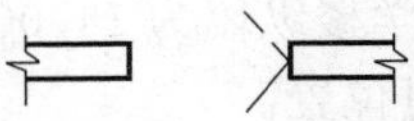	单扇双面弹簧门 双扇门
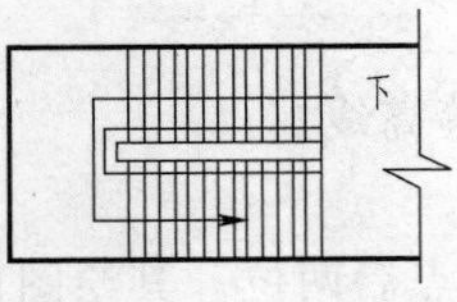	顶层楼梯		对开折门 双扇双面弹簧门
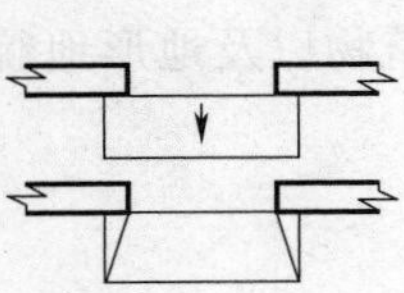	入口坡道	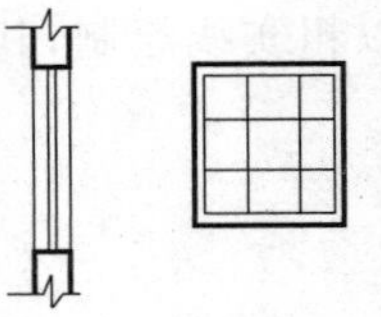	单层固定窗
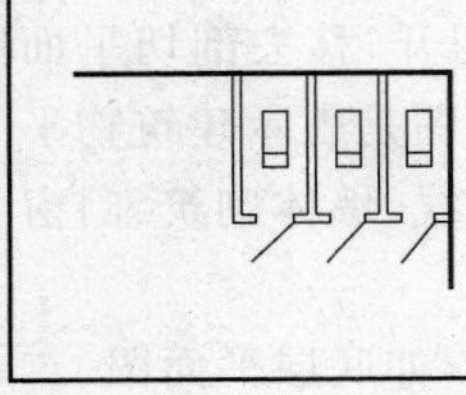	厕所间	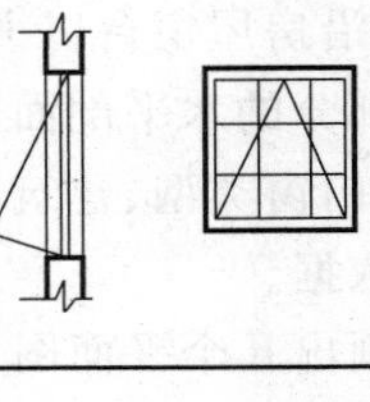	单层外开上悬窗

续上表

图　例	名　称	图　例	名　称
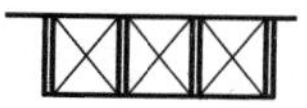	淋浴小间	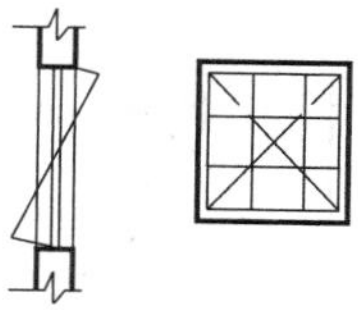	单层中悬窗
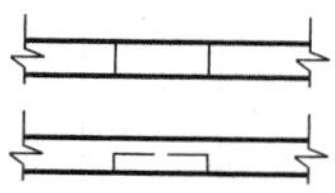	墙上予留洞口 墙上予留槽	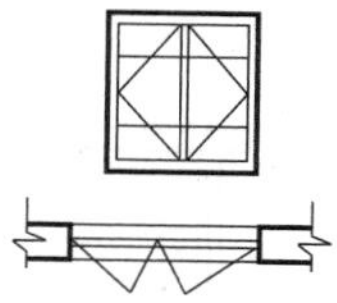	单层外开平开窗
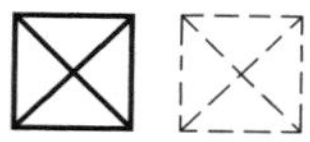	检查孔 地面检查孔　吊顶检查孔		高窗

2.2.2　建筑平面图的图示内容及阅读

现以图 7.4 所示的底层平面图为例进行说明。

(1)图名、比例。该图为一号学生宿舍底层平面图,比例为 1∶100。

(2)纵横向定位轴线及其编号。

定位轴线用来确定墙、柱等承重构件的位置,是施工放线、破土开挖基槽的主要依据。定位轴线用细点划线绘制,在其端部用细实线画一直径为 8 mm 的圆圈,在圆内以 5 号字注写轴线编号。轴线编号纵向采用阿拉伯数字,从左向右依次连续编号;横向采用拉丁字母,从前向后依次连续编号,其中 I、O、Z 不能使用,以免与 0、1、2、混淆。定位轴线的标注如图 7.5 所示。

(3)尺寸标注

外部尺寸一般在图形的下方及左侧分三道注写。第一道尺寸表示建筑物外轮廓的总体尺寸,总长为 42 840,总宽为 14 220。第二道尺寸表示轴线间的距离,用以说明房间的开间和进深的尺寸。第三道尺寸表示各细部的位置及大小,如门窗洞宽和位置、墙柱的大小和位置等。内部尺寸说明房间的净空大小和室内的门窗洞、孔洞、墙厚和固定设备(如厕所、漱洗室等)的大小与位置,以及室内楼地面高度。地面相对标高为 ±0.000,相当于总平面图中室内地面绝对标高 190.57。洗手间标高为 −0.050,库房标高为 −0.450,比室内地面均低。

(4)建筑平面图一般应附有门窗表,其作用是统计门窗的种类和数量,门窗表中应填写门窗的编号、名称、尺寸、数量及其所选用的标准图集的编号等内容,同一编号表示门窗的类型、构造和尺寸均相同。表 7.3 是图 7.4 所示某学生宿舍楼的门窗表。

(5)楼梯的形状、走向和级数。由底层上 20 个台阶到二层,下三个台阶到库房。

(6)底层平面图中表明了剖面符号和详图索引标志。如 1-1、2-2、3-3 以及 ⊕、⊕ 等。

(7)某些局部构造在平面图中表达不够清楚时,可用大一些的比例绘制局部平面图。如 D 轴线与 5 号轴线相交处,则给出了 1 号详图(放大图)。

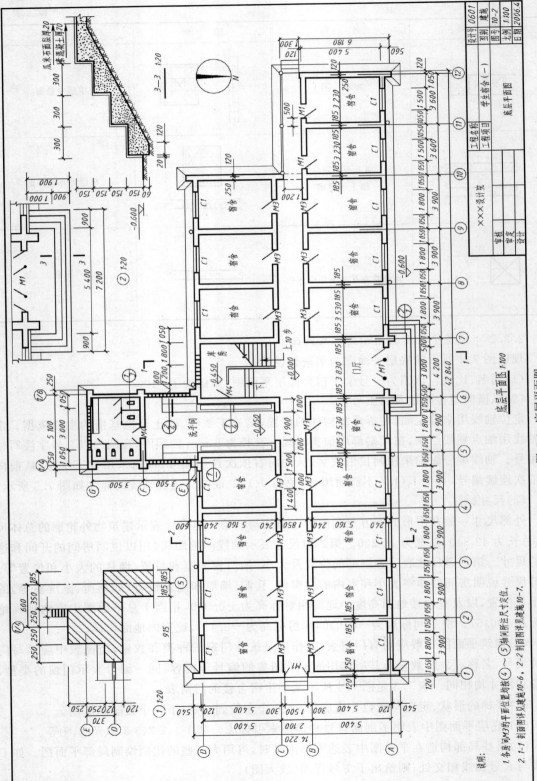

图 7.4 底层平面图

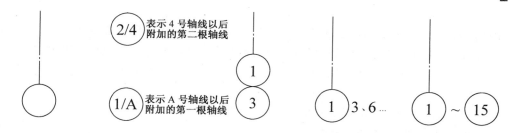

- （a）通过详图的轴线号，只用圆圈，不注写编号
- （b）附加轴线
- （c）用于两个轴线时
- （d）用于三个或三个以上轴线时
- （e）用于三个以上连续编号的轴线时

图 7.5 定位轴线的各种注写方法

表 7.3 门窗表

门窗编号	洞 口 尺 寸		数 量	标准图集代号
	宽度	高度		
M1				西南 J601
M2				西南 J601
M3				西南 J601
M4				西南 J601
C1				西南 J701
C2				西南 J701

图 7.6 为该宿舍楼的屋顶平面图，表达了坡屋顶的形状、屋面排水坡度、排水方向。其阅读方法同底层平面图。

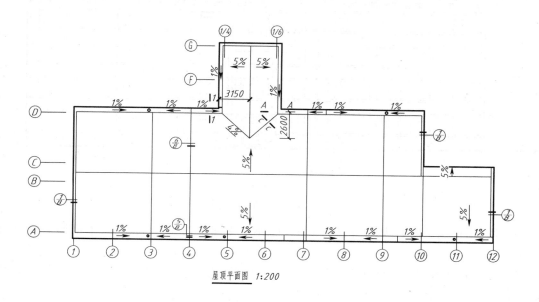

屋顶平面图 1:200

图 7.6 屋顶平面图

2.2.3 建筑平面图的绘制

"国标"规定:凡是被剖切到的主要建筑构造如墙、柱等结构的断面轮廓线用粗实线绘制,被剖切到的次要建筑构造如隔断和没有被剖切到的建筑构配件如窗台、台阶、明沟、花台、楼梯等的可见轮廓线以及门开启线用中实线绘制,其余可见轮廓线和尺寸线等均用细实线绘制。

(1)确定比例,进行合理的图面布置;

(2)定出轴线位置,并根据轴线绘出墙身和柱;

(3)确定门窗洞的位置;

(4)画出其他细部如楼梯、台阶、散水、花池、卫生器具等;

(5)检查无误后,擦去多余的作图线,并按平面图的图线要求加深图线;

(6)标注尺寸、轴线编号、门窗编号、剖切符号,注写必要的文字说明及图名、比例等。

2.3 立 面 图

2.3.1 立面图概述

在与房屋立面平行的投影面上所作房屋的正投影图,称为建筑立面图,简称立面图。立面图是展示建筑物外形的图样。立面图可以根据建筑物的朝向来命名,如南立面图、东立面图…也可用建筑物两端定位轴线编号命名,例如"①-⑩立面图","⑩-①立面图",还可根据建筑物主要入口来命名,通常把主要出入口或反映房屋主要外貌特征的立面图称为"正立面图",其他三个面分别为"背立面图"、"左立面图"、"右立面图"。

2.3.2 立面图的图示内容及阅读

现以图 7.7 所示立面图为例加以说明。

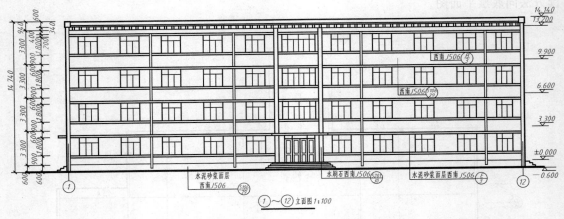

图 7.7 ①—⑫立面图

(1)图名、比例。图名为①—⑫立面图,也即正立面图,比例一般应与平面图一致,该图为1∶100。

(2)定位轴线及编号。立面图定位轴线编号必须与平面图相一致,一般只在两端注两个轴线即可。如轴线①、轴线⑫。

(3)尺寸标注。立面图上一般只标注高度方向尺寸,分三道标注。第一道表示总高,如14 740;第二道为层高尺寸,如3300;第三道为门窗、雨篷等相对位置细部尺寸。立面图上还应标注各楼层的标高尺寸,如室外平整地坪标高-0.600,底层地面标高±0.000,以及二层、三层、四层楼面标高 3.300、6.600、9.900,屋面架空层面标高 13.200 和女儿墙墙顶标高 14.140 等。这些标高一般用引出线标出,并依次绘制在一条线上。有时,还应标注窗台、门窗顶及檐口等处的标高。

(4)表达外墙、雨篷、门窗、台阶、雨水管等的立面形状。

(5)绘出了各装饰线条,加注部分文字说明、符号、代号等,表明外墙表面装饰做法。如水泥石、水泥砂浆面层等,而西南 J506 即为西南标准图集 506 号。

2.3.3 立面图的绘制

为了使立面图的图形清晰,通常把屋脊和外墙轮廓线用粗实线;室外地坪用加粗线(1.4倍粗实线)表示;门窗洞口、檐口、阳台等轮廓线用中实线;其余如墙面分格线、门窗格子、雨水管以及引出线等均用细实线。

(1)定出室外地坪线,外墙轮廓线和墙顶线。

(2)画出室内地面线、各层楼面线、中间的各条定位轴线。

(3)定出门窗位置,画出细部如阳台、窗台、花池、檐口、雨篷等。

(4)检查无误后,擦去多余的作图线,并按要求加深图线,画出少量门窗扇、装饰、墙面分格线。

(5)标注出标高、符号、编号、图名、比例及文字说明。

2.4 建筑剖面图

2.4.1 建筑剖面图概述

假想用一正立投影面或侧立投影面的平行面将房屋剖切开,移去剖切平面与观察者之间的部分,将剩下部分按正投影的原理投射到与剖切平面平行的投影面上,所得的投影图,称为建筑剖面图,简称剖面图。剖面图表示房屋内部的结构或构造形式、分层情况以及各部位的联系、材料及其高度等,是与平、立面图相互配合的重要图样。根据建筑物的实际情况和施工需要,剖面图有平行与 V 面剖切所得的横剖面图和平行与 W 面剖切所得的纵剖面图。剖面图的剖切位置应选择在内部结构和构造比较复杂或有代表性的部位,其数量应根据建筑物的复杂程度和施工的实际需要而确定。对于多层建筑. 一般至少要有一个通过楼梯间剖切的剖面图。图 7.8 为学生宿舍楼的 1—1 剖面图。

2.4.2 建筑剖面图的图示内容及阅读

现以图 7.8 所示剖面图为例加以说明。

(1)图名、比例。该图图名为 1-1 剖面图,从平面图得知,其剖面图位置通过楼梯间,故为最重要的一个剖面图,也称楼梯间剖面图。该剖面图绘图比例一般与平面图、立面图一致。若有必要也可大比例绘出。

(2)定位轴线与编号。各轴线均应标出且应与平面图一致。根据投射方向可知 A 轴线在左,B 轴线在右。

(3)尺寸标注。标注原则与立面图类似,只是加注了楼梯休息平台标高,如 1.650、4.950 和 8.250。

(4)表达了室内、室外门窗及楼梯间立面形状。加注了相关构件材料做法。

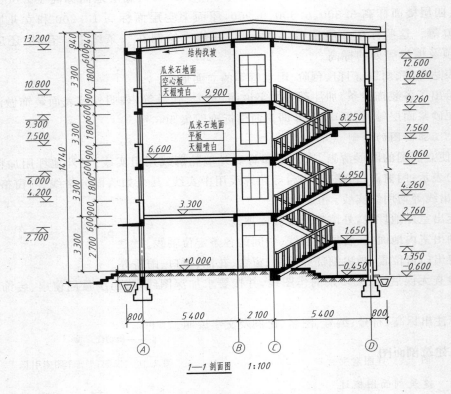

图 7.8　建筑剖面图

2.4.3　剖面图的绘制

在剖面图中,断面轮廓线用粗实线表示,钢筋混凝土构件的断面可涂黑表示。门窗洞线用中实线,门窗分格线用细实线,其他图线要求同平面图。

(1)定出定位轴线、室内外地坪线、楼面与屋面线。

(2)画出墙身、柱子。

(3)定出门窗、楼梯位置,画出门窗洞、阳台、雨篷、台阶等细部。

(4)检查无误后,擦去多余作图线,并按要求加深图线。

(5)画出材料图例,标出标高、尺寸、图名、比例及必要的文字说明。

2.5　建筑详图

2.5.1　详图的概述和特点

由于建筑平、立、剖面图所用的比例较小,房屋上有许多细部的构造无法表示清楚。为了满足施工上的需要,必须分别将这些部位的详细做法及材料组成用较大的比例画出图样,这种图样称为建筑详图,简称详图。详图的数量要根据房屋构造的复杂程度而定。有时还需在详图中再补充比例更大的详图。

一幢房屋的建筑施工图通常需绘制如下几种详图:楼梯间详图、外墙剖面详图(又称主墙剖面详图)、阳台详图、厨厕详图、门窗、壁柜等详图。

2.5.2 详图索引标志及详图标志

1. 详图索引标志

建筑详图是建筑平、立、剖面图的补充,故所画详图在整幢房屋中的部分必须用详图索引符号标注清楚。详图索引符号如图7.9所示。

索引符号的圆及直径均以细实线绘制,圆的直径应为10 mm。

当索引详图是局部剖面图时,引出线一侧加一粗短画线,表示剖切位置,引出线所在一侧应为剖视方向,如图7.10所示。

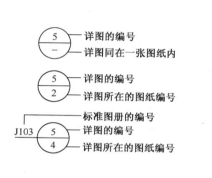

图7.9 详图索引标志

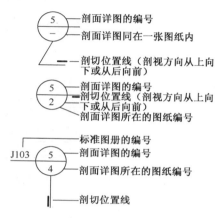

图7.10 局部剖面详图索引标志

2. 详图标志

详图与被索引的图样,同在一张图纸内时,一般在详图下方画一详图符号,详图符号的圆圈用粗实线绘制,直径应为14 mm,圆内注写详图编号,如图7.11(a)所示。详图与被索引的图样不在同一张图纸时,可用细实线在圆内画一水平直线,直线上边写详图的编号,下边写被索引详图所在图纸编号,如图7.11(b)所示。

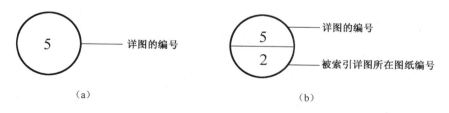

图7.11 详图标志

2.5.3 建筑详图

1. 外墙剖面详图

外墙剖面详图主要表示地面、楼面、屋面与墙体的关系,同时也表示排水沟、散水、勒脚、窗台、窗檐、女儿墙、天沟、排水口、雨水管的位置及构造做法。因中间层结构一致,故采用了折断画法,如图7.12所示。

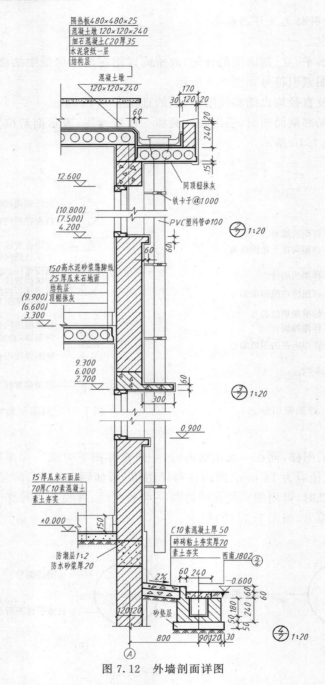

隔热板480×480×25
混凝土墩120×120×240
细石混凝土C20厚35
水泥袋纸一层
结构层

混凝土墩
120×120×240

170
30 120 20

60

240 20

15

同顶棚抹灰

12.600

铁卡子@1000

(10.800)
(7.500)
4.200

PVC塑料管Φ100

1:20

150高水泥砂浆踢脚线
25厚瓜米石地面
结构层
(9.900) 顶棚抹灰
(6.600)
3.300

60

9.300
6.000
2.700

60

300

1:20

0.900

15厚瓜米石面层
70厚C10素混凝土
素土夯实

±0.000

150

C10素混凝土厚50
碎砖粘土夯实厚70
素土夯实

西南J802

防潮层1:2
防水砂浆厚20

2%

60 240

0.600

1:20

120 120

砂垫层

0.600

50 180 240 60

50 50

800

90 120 30

图7.12 外墙剖面详图

(1)图名、比例。该详图为外墙A剖面详图,比例为1:20。

(2)尺寸标注。注明带盖板明沟、窗台、窗顶、窗过梁、天沟等的细部形状。给出了主要部位的标高尺寸。如室外地坪标高-0.600,底层窗台标高0.900,以及二、三、四层窗台标高4.200、(7.500)、(10.800),顶层窗顶标高(2.600);室内地面标高±0.000以及二、三、四层楼面标高3.300、(6.600)、(9.900)。

(3)表明了各构件材料以及散水坡度2%。勒脚高度与室内地面持平。雨水管直径为

$\phi 100$，为 PVC 管，以铁卡子与墙面固定，铁卡子均匀分布，间距为 1 000。

（4）图线。凡剖到的主要部位（如墙体、楼板、梁、天沟等）轮廓线用粗实线，剖到的一般轮廓线（如面层线、粉刷线等）和可见轮廓线用中实线，其余同平、立、剖要求。

2. 门窗详图

门窗详图包括门窗立面图及节点详图，门窗立面图表示门窗的外形、开启方式、主要尺寸和节点索引标志。采用标准门窗时不必绘制门窗详图，但要在门窗表内注明所选用的标准图集代号及门窗图号。

3. 楼梯详图

楼梯主要由楼梯板（梯段）、休息平台和扶手栏杆（或栏板）组成。楼梯图主要表示楼梯的类型、结构形式、各部位的构造、踏步及栏杆的装修做法等。楼梯图由楼梯平面图、楼梯剖面图和楼梯详图（节点构造图）组成。如图 7.13 所示。

（1）楼梯平面图。一般每一层楼都要画一楼梯平面图。三层以上的房屋，若中间各层的楼梯位置及其梯段数、踏步数和大小都相同时，通常只画出底层、中间层和顶层三个平面图。三个平面图画在同一张图纸内，并互相对齐，以便于阅读。楼梯平面图的剖切位置，是在该层往上走的第一梯段（休息平台下）的任一位置处。各层被剖切到的梯段，均在楼梯平面图中用一条 45° 折断线表示。而且，在底层平面图中还应注明楼梯剖面图的剖切位置。

楼梯平面图中，除注出楼梯间的开间和进深尺寸、楼地面和平台面的标高尺寸外，还需注出上下行指示箭头，两层之间的踏步级数以及各细部的详细尺寸。通常把梯段长度尺寸与踏面数、踏面宽的尺寸合并注写。

（2）楼梯剖面图。楼梯剖面图是用平行于建筑立面图或侧立面图投影面的剖切平面，沿梯段的长度方向，通常通过第一跑梯段和门窗洞口，将楼梯间剖开，向未剖到的梯段或与梯段配套的走道方向投射，即得楼梯剖面图。楼梯剖面图能表达建筑的层数、楼梯的梯段数、踏步级数以及楼梯的类型及其结构形式。楼梯的剖切位置及投射方向的选择原则是：每层的两段楼梯在剖面图中均应表达完整，一段应被剖切，另一段应能看到，如图 7.13 所示。为了看图方便，楼梯剖面图中的进深尺寸及墙体轴线编号应与建筑平面图一致；竖向的尺寸应与剖面图一致。同时应注明每个梯段的级数、踏步高和总高，此外还应注出室外地面、楼（地）面、平台面的标高。

楼梯剖面图中应标出各节点详图的索引符号以及必要的文字说明。楼梯节点详图通常包括楼梯踏步和栏杆等大样图。这些大样图在楼梯的平、剖面图上都不能表示清楚，需要再放大比例画出图样，以详尽表达其尺寸、用料和构造，如图 7.13 所示。

4. 其他建筑详图

建筑详图除以上的外墙剖面图、门窗图、楼梯图等，其他建筑详图还有如室外装修、室内装修、卷材平屋面、变形缝、吊顶、阳台栏杆、室内配件、浴厕和厨房设施等。一般说来，凡不属建筑构件部分的详图都可列为建筑配件详图之列。对这些建筑配件详图，目前有关部门或设计单位大都编制有通用图集供设计或施工选用。

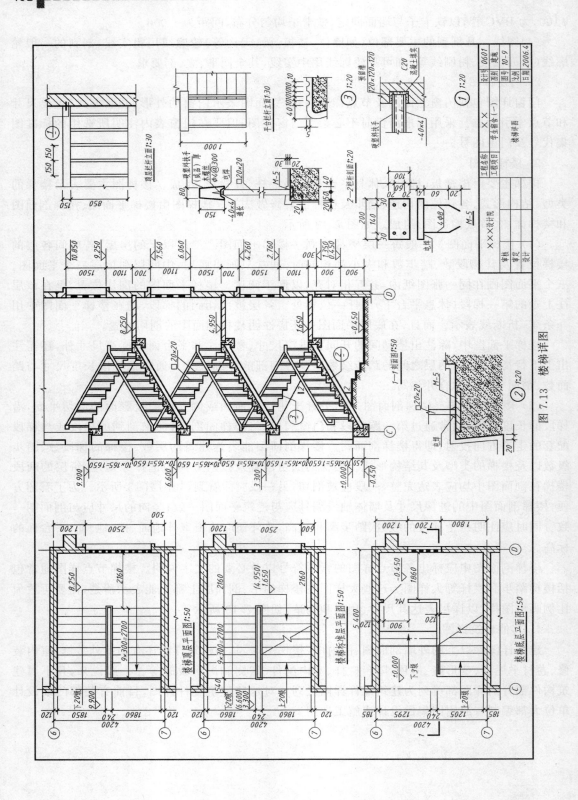

图 7.13 楼梯详图

任务三 结构施工图

3.1 概　　述

建筑施工图仅表达了房屋的建筑设计情况,对屋顶、楼板、梁、柱、基础等承重结构的设计情况并未表达清楚。因此还需要绘制表达各承重构件的布置、形状、大小、材料、构造及相互关系的结构施工图,简称结施。房屋的建筑结构可分为钢结构、砖木结构、砖混结构和钢筋混凝土结构四大类。其中钢筋混凝土结构又可细分为框架结构和剪力墙结构。

结构施工图主要包括结构设计说明书、结构平面布置图、结构构件详图。房屋结构中的基本构件很多,为了图面清晰,以及把不同的构件表示清楚,建设部于1987年5月颁布了《建筑结构制图标准》BGJ105—1987,规定将构件的名称用代号表示,表示方法用构件名称的汉语拼音字母中的第一个字母表示,如表7.4。

表7.4　常用构件代号

名　称	代　号	名　称	代　号	名　称	代　号
板	B	吊车梁	DL	基础	J
屋面板	WB	圈梁	QL	设备基桩础	SJ
空心板	KB	过梁	GL	桩	ZH
槽形板	CB	连系梁	LL	柱间支撑	ZC
折板	ZB	基础梁	JL	水平支撑	SC
密肋板	MB	楼梯梁	TL	垂直支撑	CC
楼梯板	TB	檩条	LT	梯	T
盖板或沟盖板	GB	屋架	WJ	雨篷	YP
挡雨板或檐口板	YB	托架	TJ	阳台	YT
吊车安全走道板	DB	天窗架	CJ	梁垫	LD
墙板	QB	框架	KJ	预埋件	M
天沟板	TGB	刚架	GJ	天窗端壁	TD
梁	L	支架	ZJ	钢筋网	W
屋面梁	WL	柱	Z	钢筋骨架	G

3.2　钢筋混凝土结构图

混凝土是由水泥、石子、砂和水按一定比例拌合而成的,它的抗压性能强,但抗拉性能差。而钢筋的抗拉性能好。故在混凝土中,按结构受力需要,配上一定数量的钢筋使两种材料结合成一整体,共同承受外力,即为钢筋混凝土结构。

3.2.1　钢筋的基本知识

1.钢筋的种类

按照钢筋在构件中所起的作用可将其分为以下几种,如图7.14所示。

(1)受力钢筋(主筋)——承受构件内力的主要钢筋。

(2)钢箍(箍筋)——主要用来固定受力钢筋的位置,并承受部分剪力。

(3)架立钢筋——主要用来固定钢箍的位置,一般用于钢筋混凝土梁中。

(4)分布钢筋——可使外力更好地分布到受力钢筋上去,一般用于钢筋混凝土板中。

(5)其他钢筋——如吊装用的吊环、系筋和预埋锚固筋等。

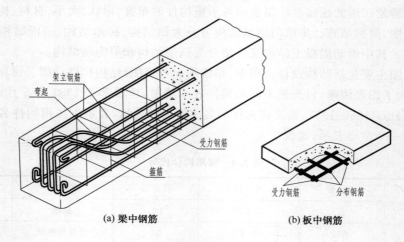

(a) 梁中钢筋　　　　　　　(b) 板中钢筋

图 7.14　钢筋的种类

2. 钢筋的弯钩

为了增强钢筋与混凝土的粘结力,防止钢筋在受力时滑动,承受拉力的光面圆钢筋两端,常作成各种角度的弯钩,图 7.15 所示为常用的两种形式。图中双点画线是所画弯钩弯曲前的理论长度,用于备料时计算钢筋总量。

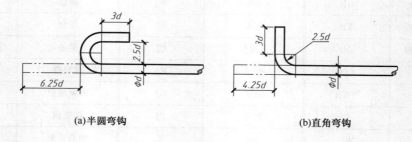

(a)半圆弯钩　　　　　　　(b)直角弯钩

图 7.15　钢筋的弯钩及其标准尺寸

3. 钢筋的弯起

在布置钢筋时,根据结构受力要求,常将构件下部的受力钢筋弯到上部去,叫做钢筋的弯起,如图 7.14(a)所示。

4. 钢筋的保护层

为了防止钢筋锈蚀,钢筋表面必须裹覆一定厚度的混凝土,这层混凝土叫做钢筋保护层。保护层厚度,视不同的构件而异,根据钢筋混凝土结构设计规范:梁和柱的保护层最小厚度为 25 mm,板和墙的保护层厚度为 10~15 mm。

5. 钢筋的图例

构件中的钢筋有直的、弯的、带弯钩的、不带弯钩的等等,需要在图中表达清楚。表 7.5 列出了常用钢筋的图例。

表 7.5　常用钢筋图例

序号	名　称	图　例	说　明
1	钢筋横断面	●	
2	无弯钩的钢筋端部		长短不一的钢筋投影重叠时可在短钢筋端部用 45 度短划表示
3	带半圆形弯钩的钢筋端部		
4	带直钩的钢筋端部		
5	带丝扣的钢筋端部		
6	无弯钩的钢筋搭接		
7	带半圆弯钩的钢筋搭接		
8	带直钩的钢筋搭接		
9	套管接头(花兰螺丝)	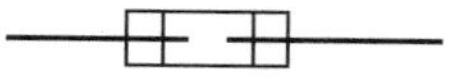	

3.2.2　钢筋布置图的内容及特点

钢筋布置图和钢筋混凝土结构的外形图一样,都采用正投影法绘制,但根据钢筋混凝土结构的特点,在表示方法和标注尺寸等方面,还有其独特之处。

1. 图示特点

(1)在钢筋布置图中,为了突出表示钢筋的布置情况,规定把结构物的外形轮廓线画成细实线,而把钢筋画成粗实线,在横截面图中,钢筋的断面上不画剖面线,用小黑圆点表示。图 7.16 所示为一单跨简支梁的钢筋布置图。

(2)根据结构物的形状不同,钢筋布置图的表示方法也不一样。梁和柱通常用一个立面图加上足够多的配筋断面图表示,如图 7.16 所示。钢筋混凝土板(图 7.17)及桥墩顶帽等,常采用立面图和平面图相结合的办法来表示。

(3)断面图的剖切位置,常选在钢筋排列有变化的地方。

(4)为了便于钢筋加工,在钢筋布置图中应该画出钢筋弯起图(也称成型图或抽筋图)。钢筋弯起图是表示每根钢筋弯曲形状和尺寸的图样,是钢筋成型加工的依据。在画钢筋弯起图时,主要钢筋应尽可能与基本投影中同类型的钢筋保持对应关系。如图 7.16 中把①～④号钢筋画在图样下面,并与立面图中钢筋排放的位置对齐,⑤号钢箍则画在断面图附近。

2. 钢筋编号

在同一构件中,为了便于区分不同直径、不同长度、不同形状和尺寸的钢筋,应将不同类型的钢筋加以编号。

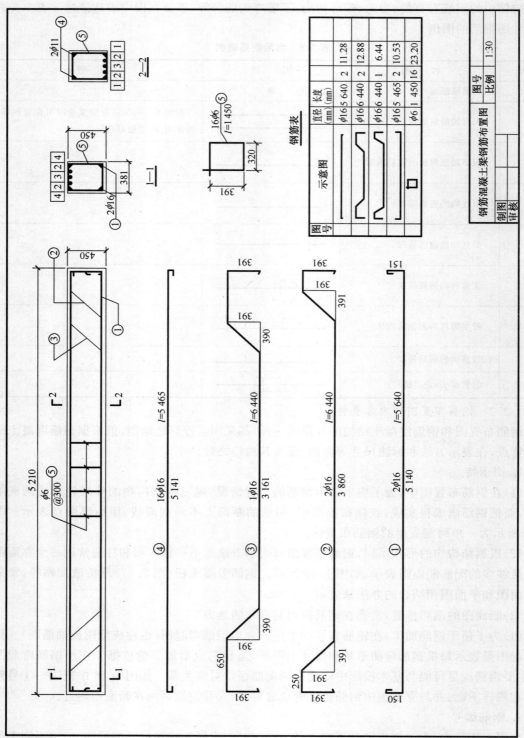

图 7.16 现浇梁钢筋布置图

钢筋表

图号	示意图	直径(mm)	长度(mm)		
①		φ16	5 640	2	11.28
②		φ16	6 440	2	12.88
③		φ16	6 440	1	6.44
④		φ16	5 465	2	10.53
⑤	□	φ6	1 450	16	23.20

钢筋混凝土梁钢筋布置图		图号	
		比例	1:30
制图			
审核			

（1）编号次序。按钢筋的直径大小和钢筋的主次来编号，如将直径大的编在前面，小的编在后面；受力钢筋编在前面，钢箍、吊环等编在后面。如图7.16中把在梁下部两角的直径为16 mm的受力钢筋编为①号，中间在梁下部、两端弯起的二根直径为16 mm的钢筋编号为②号、一根直径为16 mm的钢筋编号为③号，布置在梁上部两角的两根直径10 mm的架立钢筋编为④号，箍筋编为⑤号。

（2）编号方法。将钢筋号码填写在用细实线画的直径为6～8 mm的圆圈内，并用引线指引到相应钢筋的投影上，如图7.18（a）所示。图中有多个编号并列时，如②⑤，表明②号和⑤号钢筋投影重合在一起。

编号可填写在圆圈中，也可在编号号码前加符号N，如图7.17及图7.18（b）所示。对于排列过密的钢筋也可采用列表法，如图7.18（c）所示。

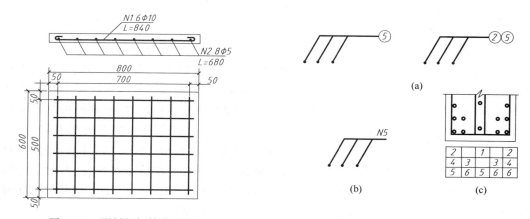

图7.17　预制板钢筋布置图　　　　　图7.18　钢筋编号注法

3. 钢筋布置图中尺寸的注法

结构外形的尺寸注法和一般形体尺寸注法相同。钢筋的尺寸注法有以下特点：

（1）钢筋的大小尺寸和成型尺寸

在钢筋成型图上，必须注出钢筋的直径，根数和长度，如图7.16中，①号钢筋的成型图上注了 $2\phi16$ 和 $L=5\,640$，其含义为该构件中有两根①号钢筋，直径为16 mm，全长为5 640 mm，这个长度是钢筋的设计长度，等于各段尺寸之和再加两端标准弯钩的长度。对带有弯起的钢筋图上应逐段注出各段钢筋的长度，尺寸数字直接写在各段旁边，不画尺寸线和尺寸界线。钢筋的弯起部分一般用直角三角形注出，如图7.16中的②号钢筋。

当钢筋的弯钩为标准尺寸时，一般不再注尺寸。

在立面图和平面图中，对于钢筋一般只注出编号，有时也注钢筋直径和数量。

在断面图和剖面图上除注编号外，还需在引线上注出钢筋的直径和数量，例如图7.16中的1—1及2—2断面图。

钢箍尺寸注在编号引线上，同时还需注明间距，如图7.16中的 $\phi6@300$。

（2）钢筋的定位尺寸

钢筋的定位尺寸，一般注在该钢筋的断面图中，尺寸界线通过钢筋截面中心。若钢筋的位置安排符合规范中保护层厚度及两根钢筋间最小距离的规定，可以不标注钢筋的定位尺寸。如图7.16中1—1及2—2断面图。

对于按一定规律排列的钢筋,其定位尺寸常用注解形式写在编号引出线上。如图 7.16 的立面图,"φ6@300"表示直径为 6 mm 的钢筋每隔 300 mm 放一个。为使图面清晰,同类型、同间距的箍筋在图上一般只画出两三个即可。

（3）尺寸单位

钢筋尺寸以 mm 计时,在图中不需要说明。

4. 钢筋表

钢筋表的内容包括钢筋编号、钢筋形状示意图、钢筋直径、长度等,如图 7.16 下方的钢筋表。因此,钢筋表是钢筋布置图的重要补充,必须列出。

3.2.3　钢筋布置图的阅读

阅读钢筋混凝土构件结构图的要点是:

（1）了解该构件中各号钢筋的位置、形状、尺寸、品种、直径和数量;

（2）读懂构件的外形和尺寸;

（3）读懂埋件的位置和构造。

图 7.19 为一根预制钢筋混凝土边柱的结构图。从其标题栏中的内容可知,这张图里画了边柱的模板图、配筋图和埋件图。其中,模板图只画了一个立面图,是因为混凝土柱的截面形状在配筋断面图中已表达清楚,所以在模板图中未画断面图。制作时,根据模板立面图以及 1—1、2—2、3—3 配筋断面图即可制作该柱的盒子。另外,在模板立面图左侧标有翻身点、吊装点等字样,这是因为该柱是预制件,在制作、运输和安装过程中,将构件翻身和吊起时,对构件的受力状态会产生很大的影响。若翻身或起吊的位置不对可能会破坏构件,因此需要根据力学分析,找出翻身和起吊的合理位置,并标记在构件上或预埋吊环（耳）。本例是标记在模板图上,待构件拆模后再画在构件表面上,以指示钢丝绳的捆绑位置。

边柱的钢筋配置情况,由配筋立面图和 1—1、2—2、3—3 配筋断面图表达。其中立面图表示了全部 10 种钢筋的编号、纵向位置及除箍筋外其他钢筋的形状。箍筋的纵向排列、间距及品种等,是用尺寸标注的形式表达的。1—1 断面图表明上柱（3 300 范围内）钢筋的配置情况,2-2 断面图表明牛腿部分钢筋的配置情况,3—3 断面图表示的是下柱（6 750 范围内）钢筋的配置情况。由于钢筋排列较密,钢筋的品种、直径等在编号引出线上不便注写,所以统一在钢筋表中说明。由于本构件中的大部分钢筋都是直筋,其形状、尺寸在立面图中已表达清楚,不必再单独画它们的详图（抽筋图）,只有⑨、⑩号两种钢筋的形状比较复杂,且在立面图中不易标注其各段尺寸,所以把它们抽出来画成单独的详图。

最后关于埋件图,从模板立面图中看到有三处标有"M"（埋件代号）,埋件的构造详图画在图幅的右上角,用立面图和底面图表达。在上柱顶部的埋件,是为连接屋架用的;在上柱内侧靠近牛腿处及在牛腿上表面的两个埋件,都是为连接吊车梁之用。

除了图样和钢筋表之外,图中还有文字说明,这是为补充不能用图形表达的内容。例如第一条"混凝土采用 C20",就是不能用图形表达而又必须说明的问题。其他如钢筋的保护层等,图中没有注明,即表示按规定执行没有特殊要求。

3.3　基础图

基础是在建筑物地面以下承受建筑物全部荷载的构件。基础的型式须根据上部结构的情况、地基的岩土类别及施工条件等综合考虑确定,一般低层建筑常用的基础型式有条型基础和

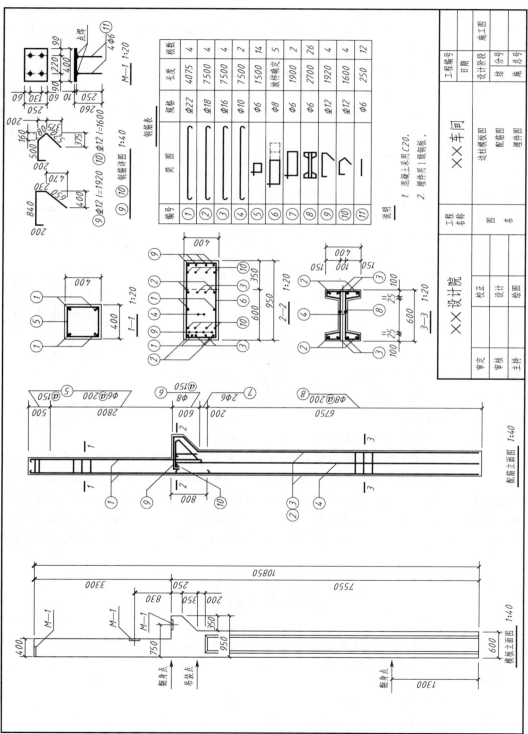

图 7.19 预制钢筋混凝土边柱结构图

独立基础,建筑物为承重墙的,常用条形基础,建筑物为柱子承重的,常用独立基础。在结构施工图中,要画出基础图。

1. 基础平面图

假想用一个水平剖切平面,沿建筑物底层室内设计地面把整幢建筑物切开,移去剖切平面以上的房屋和基础回填土,得到的水平剖面图称为基础平面图。

基础平面图中一般只需画出墙身线(属于剖切到的面. 用粗实线表示)和基础底面线(属于未剖切到但可见的轮廓线,用中实线表示)。其他细部如大放脚等均可省略不画。基础平面图上应画出轴线并编号,所注轴线间尺寸和总长、总宽尺寸等必须与建筑平面图保持一致。不同宽度的条形基础应用阿拉伯数字注出剖切线编号,以便与基础剖面详图对照,各道条形基础的宽度尺寸也可在基础平面图上直接注出。图 7.20 是学生宿舍楼的基础平面图。

2. 基础详图

基础平面图仅表示了基础平面布置情况,而基础的形状、大小、材料、及埋置深度等,则需要有相应的基础详图,条形基础详图是假想用一个铅垂剖切平面在指定部位垂直剖切基础所得的断面图。绘制基础详图时常采用 1∶20 或 1∶50 的比例。在基础详图中除要表明材料及做法外,还需注明各部分的详细尺寸、室内外地平标高、以及基础底面标高,如图 7.21 所示。

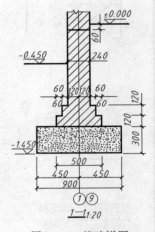

图 7.21　基础详图

3.4　结构平面图

结构平面图是表示建筑物承重构件平面布置的图样。有楼层结构平面图和屋顶结构平面图等,分别表示各层楼面及屋面承重构件的平面布置情况。现以学生宿舍楼楼层结构平面图为例说明结构平面图的内容。

楼层结构平面图是假想用一个水平剖切面沿楼板面剖开后,将剖面以下的楼层结构向水平投影面投射,用来表示每层承重构件的平面布置、构造、配筋以及结构关系。电梯间或楼梯间因另有详图,所以在结构平面图上只用一交叉对角线表示。

楼层平面布置图中,楼板下面不可见的墙、柱轮廓线画成中虚线;可见墙、柱轮廓线用中实线表示。在图中还应标注出与建筑平面图一致的轴线及编号,画出梁板的断面,标出各梁、板顶面结构标高及尺寸,标出板内钢筋的级别、直径、间距等。图 7.22 为学生宿舍楼的标准层结构平面图。

复习思考题

1. 总平面图主要表达什么内容?为什么在总平面图中要绘制风向频率玫瑰图?
2. 建筑平面图一般要有哪些图样?
3. 建筑立面图是如何命名的?
4. 什么是详图索引标志和详图标志?
5. 钢筋的弯钩和钢筋的弯起有何区别?
6. 如何计算箍筋的根数?

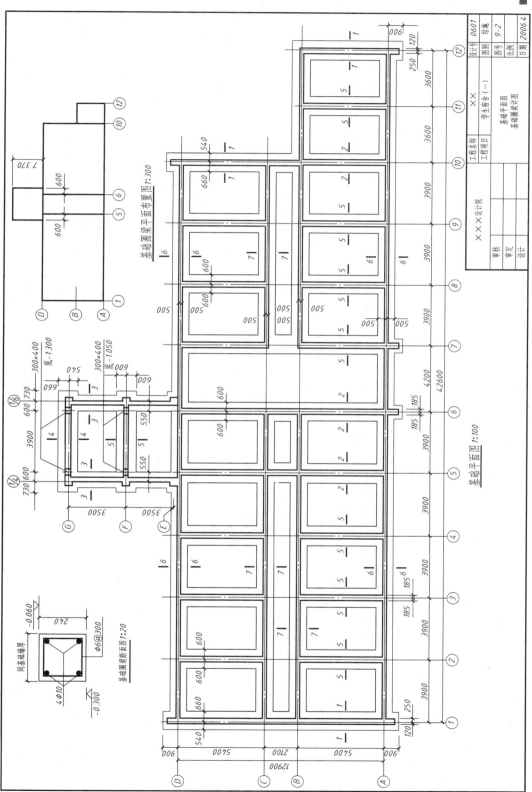

图 7.20 基础平面图

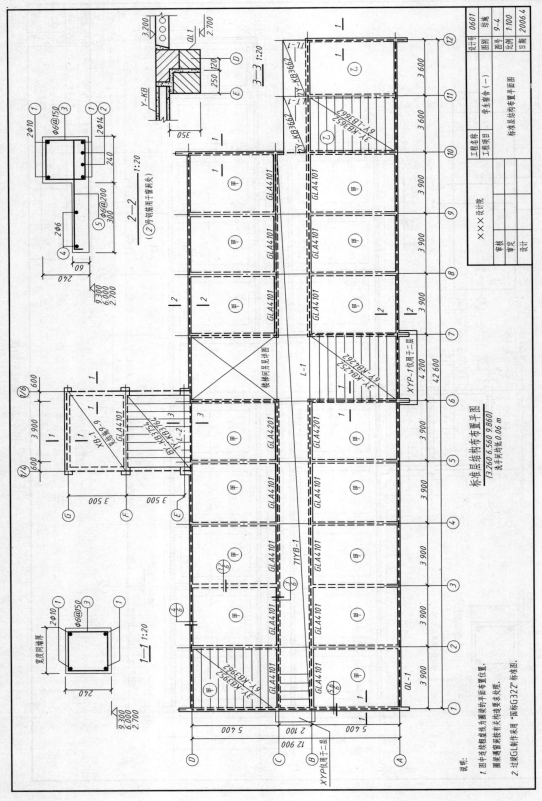

图7.22 标准层结构布置平面图

参 考 文 献

[1] 武晓丽. 工程制图[M]. 北京:中国铁道出版社,2007.

[2] 朱育万. 画法几何及土木工程制图[M]. 北京:高等教育出版社,2001.

[3] 宋兆全. 画法几何及建筑制图[M]. 北京:中国铁道出版社,1989.

[4] 何铭新. 画法几何及土木工程制图[M]. 武汉:武汉工业大学出版社,2000.